中国石油天然气集团有限公司统编培训教材

天然气与管道业务分册

油气管道环境保护与污染管控

《油气管道环境保护与污染管控》编委会 编

石 油 工 业 出 版 社

内 容 提 要

本书系统地阐述了油气长输管道行业环境保护管理基本知识及控制污染、改善生态环境的基本技术措施和方法。主要包括生态环境保护基本概念，我国环境现状及环保政策、法规、制度、标准规范体系，管道站场主要排污环节和污染控制措施，管道环境风险管控与应急处置技术，油气管道行业低碳发展等，并配有案例。

本书是中国石油天然气集团有限公司油气长输管道业务环境保护管理与技术专用培训教材，也可供其他相关专业的管理或技术人员及大专院校本科生和研究生参考使用。

图书在版编目（CIP）数据

油气管道环境保护与污染管控/《油气管道环境保护与污染管控》编委会编. —北京：石油工业出版社，2019.7

中国石油天然气集团有限公司统编培训教材

ISBN 978-7-5183-3463-6

Ⅰ.①油 … Ⅱ.①油… Ⅲ.①油气运输-长输管道-环境保护-技术培训-教材②油气运输-长输管道-环境污染-污染防治-技术培训-教材 Ⅳ.①X74

中国版本图书馆 CIP 数据核字（2019）第 114544 号

出版发行：石油工业出版社

（北京安定门外安华里 2 区 1 号楼　100011）

网　　址：www.petropub.com

编辑部：（010）64269289

图书营销中心：（010）64523633

经　　销：全国新华书店

印　　刷：北京中石油彩色印刷有限责任公司

2019 年 7 月第 1 版　2019 年 7 月第 1 次印刷

710×1000 毫米　开本：1/16　印张：14

字数：240 千字

定价：49.00 元

（如发现印装质量问题，我社图书营销中心负责调换）

《中国石油天然气集团有限公司统编培训教材》
编审委员会

《天然气与管道业务分册》
编审委员会

《油气管道环境保护与污染管控》
编委会

序

　　企业发展靠人才，人才发展靠培训。当前，中国石油天然气集团有限公司（以下简称集团公司）正处在加快转变增长方式，调整产业结构，全面建设综合性国际能源公司的关键时期。做好"发展""转变""和谐"三件大事，更深更广参与全球竞争，实现全面协调可持续，特别是海外油气作业产量"半壁江山"的目标，人才是根本。培训工作作为影响集团公司人才发展水平和实力的重要因素，肩负着艰巨而繁重的战略任务和历史使命，面临着前所未有的发展机遇。健全和完善员工培训教材体系，是加强培训基础建设，推进培训战略性和国际化转型升级的重要举措，是提升公司人力资源开发整体能力的一项重要基础工作。

　　集团公司始终高度重视培训教材开发等人力资源开发基础建设工作，明确提出要"由专家制定大纲、按大纲选编教材、按教材开展培训"的目标和要求。2009年以来，由人事部牵头，各部门和专业分公司参与，在分析优化公司现有部分专业培训教材、职业资格培训教材和培训课件的基础上，经反复研究论证，形成了比较系统、科学的教材编审目录、方案和编写计划，全面启动了《中国石油天然气集团有限公司统编培训教材》（以下简称"统编培训教材"）的开发和编审工作。"统编培训教材"以国内外知名专家学者、集团公司两级专家、现场管理技术骨干等力量为主体，充分发挥地区公司、研究院所、培训机构的作用，瞄准世界前沿及集团公司技术发展的最新进展，突出现场应用和实际操作，精心组织编写，由集团公司"统编培训教材"编审委员会审定，集团公司统一出版和发行。

　　根据集团公司员工队伍专业构成及业务布局，"统编培训教材"按"综合管理类、专业技术类、操作技能类、国际业务类"四类组织编写。综合管理类侧重中高级综合管理岗位员工的培训，具有石油石化管理特色的教材，以自编方式为主，行业适用或社会通用教材，可从社会选购，作为指定培训教材；专业技术类侧重中高级专业技术岗位员工的培训，是教材编审的主体，按照《专业培训教材开发目录及编审规划》逐套编审，循序推进，计划编审300余门；操作技能类以国家制定的操作工种技能鉴定培训教材为基础，侧重主体专业（主要工种）骨干岗位的培训；国际业务类侧重海外项目中外员工的培训。

"统编培训教材"具有以下特点：

一是前瞻性。教材充分吸收各业务领域当前及今后一个时期世界前沿理论、先进技术和领先标准，以及集团公司技术发展的最新进展，并将其转化为员工培训的知识和技能要求，具有较强的前瞻性。

二是系统性。教材由"统编培训教材"编审委员会统一编制开发规划，统一确定专业目录，统一组织编写与审定，避免内容交叉重叠，具有较强的系统性、规范性和科学性。

三是实用性。教材内容侧重现场应用和实际操作，既有应用理论，又有实际案例和操作规程要求，具有较高的实用价值。

四是权威性。由集团公司总部组织各个领域的技术和管理权威，集中编写教材，体现了教材的权威性。

五是专业性。不仅教材的组织按照业务领域，根据专业目录进行开发，且教材的内容更加注重专业特色，强调各业务领域自身发展的特色技术、特色经验和做法，也是对公司各业务领域知识和经验的一次集中梳理，符合知识管理的要求和方向。

经过多方共同努力，集团公司"统编培训教材"已按计划陆续编审出版，与各企事业单位和广大员工见面了，将成为集团公司统一组织开发和编审的中高级管理、技术、技能骨干人员培训的基本教材。"统编培训教材"的出版发行，对于完善建立起与综合性国际能源公司形象和任务相适应的系列培训教材，推进集团公司培训的标准化、国际化建设，具有划时代意义。希望各企事业单位和广大石油员工用好、用活本套教材，为持续推进人才培训工程，激发员工创新活力和创造智慧，加快建设综合性国际能源公司发挥更大作用。

《中国石油天然气集团有限公司统编培训教材》

编审委员会

前 言

　　安全环保是油气管道输送企业十分关注的问题。我国近年来对环境保护提出了更高的要求，油气管道在运营期间面临新的挑战，管道失效泄漏污染环境问题，油气释放带来大气污染和碳排放问题，不但会给企业带来严重的负面影响，还会危害社会及人民生活环境。

　　与发达国家相比，我国管道企业在环境保护方面尚存在差距，主要表现在环境保护管理知识掌握不全面，环境监管体系和法律法规认识不系统，相关环保风险辨识能力不足，虽然近年来在环境污染控制及排放等方面积累了一定的经验，但尚待加强推广使用。

　　《油气管道环境保护与污染管控》一书正是在这一需求背景下应运而生。该书系统介绍了国家环境保护管理的知识，环境监管体系及法律法规，建设阶段和生产运营阶段环境保护管理方法，重点总结了近年来油品泄漏事故应对实践经验以及碳排放管控经验。该书的出版将会完善我国油气管道行业环境保护管理体系建设，有效指导我国油气管道环境保护管理业务。

　　该书编写过程中得到了许多单位和专家的支持，在此一并表示感谢。

　　由于编者水平有限，书中难免存在不妥和疏漏之处，敬请广大读者批评指正。

编者
2019 年 5 月

说　明

　　本书可作为中国石油天然气集团有限公司所属各油气长输管道设计、施工、监理、运行、维护等相关单位环境保护业务培训的专用教材，也可供有关油气储运、钻井施工、油田服务、井下作业、油气销售等单位在环保培训中选择使用。本书主要是针对从事油气储运业务工程建设或运行维护的各级各类技术人员和管理人员编写的，也适用于操作人员的技术培训。书中内容来源于最新的国家管理要求、实际工程实施经验和储运设施运维实践，专业性较强，内容涉及面较广。为便于正确使用本书，在此对培训对象进行概略划分，并提出各类人员应该掌握或了解的主要内容要求。

　　培训对象主要划分为以下几类：

　　1. 油气长输管道（储运设施）建设项目从业人员，主要包括建设项目管理、设计、施工、监理等人员。

　　2. 油气长输管道（储运设施）运行管理和技术人员。

　　3. 油气长输管道（储运设施）维抢修业务管理和技术人员。

　　各类人员应该掌握或了解的主要内容：

　　1. 油气长输管道（储运设施）建设项目从业人员，应掌握第二章、第三章、第四章（第三节、第四节、第五节、第六节、第七节）的内容，要求了解第一章、第五章的内容。

　　2. 天然气长输管道（储运设施）运行管理和技术人员，应掌握第二章、第三章、第四章（第一节、第二节、第四节、第五节、第六节、第七节、第八节）、第六章的内容，要求了解第一章的内容。

　　3. 油品长输管道（储运设施）运行管理和技术人员，应掌握第二章、第三章、第四章、第六章的内容，要求了解第一章、第五章的内容。

4.天然气管道（储运设施）维抢修业务管理和技术人员，应掌握第二章、第三章，要求了解第一章、第五章的内容。

5.油品长输管道（储运设施）维抢修业务管理和技术人员，应掌握第二章、第三章、第五章，要求了解第一章的内容。

各单位在教学中要密切联系生产实际，在课堂教学为主的基础上，还应增加施工现场的实习、实践环节。建议根据本书内容，进一步收集和整理施工过程照片或视频，以进行辅助教学，从而提高教学效果。

目　录

第一章　环境保护管理基础知识

第一节　生态环境概念及其分类

一、环境与生态环境的概念

环境是指影响人类生存和发展的各种天然的和经过人工改造的自然因素的总体，包括大气、水、海洋、土地、矿藏、森林、草原、湿地、野生生物、自然遗迹、人文遗迹、自然保护区、风景名胜区、城市和乡村等。

生态环境是指对生物生长、发育、生殖、行为和分布有影响的环境因子的综合，它由许多生态因子综合而成，生态因子包括生物性因子（如植物、微生物、动物等）和非生物性因子（如水、大气、土壤等），在综合条件下表现出各自作用。生态环境的破坏往往与环境污染密切相关。

二、生态环境的分类

一个大的生态环境类型区往往是多种小生态环境类型区的复合体，如黄土高原区有森林、草地和农田，同时伴有黄土丘陵沟壑地貌，绿洲由森林、农田、戈壁、沙漠等构成，同时伴有荒漠本底。本节重点介绍森林、草地、荒漠、农田等典型生态环境类型。

1. 森林

地球上的森林主要类型有 4 种：热带雨林、亚热带常绿阔叶林、温带落叶阔叶林及北方针叶林。

热带雨林分布在赤道及其两侧的湿润区域，是目前世界上面积最大、对维持人类生存起作用最大的森林生态系统。它主要分布在 3 个区域，一是南美洲的亚马孙盆地，二是非洲的刚果盆地，三是东南亚的一些岛屿，往北可伸入我国西双版纳与海南岛南部。分布区域年平均气温26℃以上，年降水量2500~4500mm，全年均匀分布，无明显旱季。土壤养分极为贫瘠，而且是酸性的。雨林所需要的养分几乎全部储备于植物量中，每年一部分植物死去，很快矿质化，并直接被根系所吸收，形成一个几乎封闭的循环系统。热带雨林是陆地生态系统中生产力最高的类型，但应注意的是，在高温多雨的条件下，一旦植被被破坏后，很容易引起水土流失，导致环境退化，而且在短时间内不易恢复。

亚热带常绿阔叶林是指分布在亚热带湿润气候条件下，并以常绿阔叶树种为主组成的森林生态系统。它是亚热带大陆东岸湿润季风气候下的产物，主要分布在欧亚大陆东岸北纬22°~40°之间。我国常绿阔叶林是地球上面积最大，发育最好的一片。常绿阔叶林分布区夏季炎热多雨，冬季少雨而寒冷，春秋温和，四季分明。年平均气温16~18℃，年降雨量1000~1500mm，降雨主要分布在4~9月。

我国常绿阔叶林区的平原与低丘全部被开垦成以水稻为主的农田，是我国主要粮食产区。原生的常绿阔叶林仅残存于山地。

温带落叶阔叶林又称夏绿林，分布于中纬度湿润地区。年平均气温8~14℃，年降水量500~1000mm，树木仅在暖季生长，入冬前树木叶子枯萎并脱落。这类森林主要分布在北美洲中东部、欧洲及我国的温带沿海地区。在原始状态下，落叶阔叶林净初级生产力为 $10~15t/(hm^2 \cdot a)$，现存生物量可达 $200~400t/hm^2$。

北方针叶林分布在北半球高纬度地区，仅次于热带雨林占据第二位。由于气候寒冷，土壤有永冻层，不适合于耕作，所以自然面貌保存较好。但因冷季长，土壤贫瘠，净初级生产力很低。北方针叶林组成整齐，便于采伐，作为木材资源对人类是极端重要的。世界工业木材总产量中，一半以上来自于针叶林。

2. 草地

草地与森林一样，是地球上最重要的陆地生态系统类型之一。草地群落以多年生草本植物为主，辽阔无林，在原始状态下常有各种善于奔跑或靠洞穴生活的草食动物栖居其上。草地可以分为草原与草甸两大类，前者由耐旱的多年生草本植物组成，在地球表面占据特定的生物气候带；后者由喜湿润的中生草本植物组成，出现在河漫滩等低湿地和林地空间，或为森林破坏后的次生类型，属隐域植被，可出现在不同的生物气候带。

3. 荒漠

荒漠是地球上最耐旱的，以超旱生的灌木、半灌木或小半乔木占优势的地上部分不能郁闭的一类生态系统。它主要分布在亚热带干旱区，向北可延伸到温带干旱地区。年降水量少于 200mm，有些地区不到 50mm，甚至终年无雨。由于雨量少，地表细土被风吹走，剩下粗砾及石块，形成戈壁；而在风积区则形成大面积沙漠。荒漠植被极度稀疏，主要包括 3 种类型：荒漠灌木及半灌木、肉质植物、短命植物与类短命植物。荒漠生态系统初级生产力非常低，低于 $0.5g/(m^2 \cdot a)$，消费者主要是爬行类、啮齿类、鸟类以及蝗虫等。荒漠生态系统中营养物质缺乏，物质循环规模小，即使在最肥沃的地方，可利用的营养物质也只限于土壤表面 10cm 之内。

4. 农田

农田生态系统是以作物为中心的农田中，生物群落与其生态环境间在能量和物质交换及其相互作用上所构成的一种生态系统，是农业生态系统中一个主要的亚系统。农田生态系统由农田内的生物群落和光、二氧化碳、水、土壤、无机养分等非生物要素构成。它是在一定程度上受人工控制的生态系统。一旦人的作用消失，农田生态系统就会很快退化，占优势地位的农作物就会被杂草和其他植物所取代。其生物群落结构较简单，优势群落往往只有一种或数种作物。伴生生物为杂草、昆虫、土壤微生物、鼠、鸟及少量其他小动物。大部分经济产品随收获而移出系统，留给残渣食物链的较少，养分循环主要靠系统外投入而保持平衡。农田生态系统的稳定有赖于一系列耕作栽培措施的人工养地，在相似的自然条件下，土地生产力远高于自然生态系统。

三、油气管道工程与生态环境

油气管道输送作为当今世界的五大运输方式（铁路、公路、水运、航运和管道）之一，具有其他运输方式所不能比拟的明显优势：

（1）油气管道可以平稳、不间断输送，受环境制约性小，可以避免气候等因素对运输造成的不利影响；

（2）管道密闭输送，具有极高的安全性；

（3）管道输送损耗少、运费低、占地少、污染低。

由于管道建设的周期短，使用期限长，发展管道运输可以有效地缓解我国公路、铁路运输的压力，且管道输送过程中能源不易挥发、消耗少，这些有利因素使我国油气管道运输业的发展越来越快。

由于油气介质具有易燃、易爆的特性及管道途经地区多，地质、社会条件多变，油气长输管道的健康、安全与环境问题始终是社会和企业关注的焦点。

油气管道工程作为线状工程，根据其线路长度不同，会穿越不同的生态环境类型区，对各类型区的生态环境影响也不尽相同。首先，长输油气管道的长度从上百千米到几千千米不等，线路较长。其次，管道会穿越不同行政区、各种生态区、大小流域、各种公路、铁路以及地下设施，涉及面广。再次，油气管道工程临时占地比例高，不会形成永久性廊道，对生态环境的影响主要集中在施工期；最后，环境风险复杂多变，沿线村庄、学校、医院等人口集中区分布广泛，情况复杂。

以西气东输工程为例，管道全长 4000 多千米，长输管道建设和运行跨越多种自然生态环境：戈壁、沙漠、绿洲、森林、草原、农田等，在不同的环境条件下，需要采取不同的环境保护策略、管道保护策略、站场维护策略，实现管道与环境的和谐共存。

戈壁地段生态保护的主要策略是减少对戈壁表层砾石的破坏面积和植被的扰动，恢复的基本要求是恢复或重建施工干扰区地表的物理稳定性，并应以工程措施为主。

沙漠地区生态保护的主要策略是防止沙丘流动，减少沙漠植被破坏，其生态恢复策略针对不同类型的沙漠有所不同。极干旱沙漠应主要采用沙障设置的方式进行固沙，在有水源的区域，可增加植被恢复措施；干旱沙漠应采用设置沙障和恢复植被相结合的方式进行植被恢复，植被以当地沙生植物为主；半干旱沙漠应采用植被恢复、封沙育草（灌）和设置沙障相结合的方式进行植被恢复，植物恢复应以草灌混交的方式为宜；半湿润沙地宜采用翻淤压沙与植被恢复相结合的方式，植物可选用乔、灌、草相结合的方式；东南沿海海岸线沙地，应采用以植物措施为主的植被恢复措施，应选择抗风沙、耐水湿的植物种，采用客土栽植的方式进行。

干旱区绿洲生态保护的主要策略为减少农田、林地占用，保护水资源，减少工程带来的水土流失和荒漠化，防止对绿洲生态造成不可逆的影响。生态恢复工作的基本要求是恢复绿洲生态系统的稳定性，维护绿洲农业可持续发展和保护管道安全，主要工作内容包括地貌恢复、农田的复耕、防护林带的恢复、农田土地平整和土地肥力的恢复，保持绿洲地表和地下水系统稳定性。

黄土高原区生态保护的主要策略是减少植被如草地、林地等占用，控制施工带来的水土流失。生态恢复的基本要求是通过植被恢复、农田复垦以及其他水土保持等措施控制水土流失，以保障管道敷设地段生态环境的稳定性和管道的安全运行。

　　南方水网区生态保护的主要策略是减少作业带及附近水田的扰动，生态恢复的基本要求是恢复农田水利设施如田埂、水渠，保证水田水渠畅通，农业生产活动不受影响。

第二节　环境污染的分类

一、污染源分类

　　污染源是指对环境产生污染影响的污染物来源。

　　根据污染物的来源、特征、污染源结构、形态和调查研究的目的不同，污染源可分为不同的类型。污染源类型不同，对环境的影响方式和程度也不同。按污染物主要来源可分为自然污染源和人为污染源，自然污染源可分为生物污染源和非生物污染源，人为污染源分为生产性污染源和生活性污染源；按对环境要素的影响可分为大气污染源、水体污染源、土壤污染源和噪声污染源等；按污染源几何形状可分为点源、线源和面源；按污染物运动特性可分为固定源和移动源。

二、污染物的分类

　　在开发建设和生产过程中，凡以不适当的浓度、数量、速率、形态进入环境系统而产生污染或降低环境质量的物质和能量，称为环境污染物，简称污染物。

　　污染物按其物理、化学、生物特性可分为物理污染物、化学污染物、综合污染物；按环境要素可分为水环境污染物、大气污染物、土壤污染物。大气污染物可通过降水转变为水污染物和土壤污染物，水污染物可通过灌溉转变为土壤污染物，进而通过蒸发或挥发转变为大气污染物，土壤污染物可通过扬尘转变为大气污染物，并通过径流转变为水污染物。因此这三者是可以互相转化的。

第三节　当前主要环境问题和我国环境质量现状

一、当前国际国内主要环境问题

自 20 世纪 80 年代以来，随着经济的发展，具有全球性影响的环境问题日益突出。不仅发生了区域性的环境污染和大规模的生态破坏，而且出现了温室效应、臭氧层破坏、全球气候变化、酸雨、物种灭绝、土地沙漠化、森林锐减、越境污染、海洋污染、野生物种减少、热带雨林减少、土壤侵蚀等大范围的和全球性的环境危机，严重威胁着全人类的生存和发展。国际社会在经济、政治、科技、贸易等方面形成了广泛的合作关系，并建立起了一个庞大的国际环境条约体系，联合治理环境问题。

1. 全球气候变暖

随着人口的增加和人类生产活动的规模越来越大，向大气释放的二氧化碳（CO_2）、甲烷（CH_4）、一氧化二氮（N_2O）、氯氟碳化合物（CFCs）、一氧化碳（CO）等温室气体不断增加，导致大气的组成发生变化，大气质量受到影响，气候有逐渐变暖的趋势。全球气候变暖将会对全球产生各种不同的影响，较高的温度可使极地冰川融化，海平面每 10 年将升高 6cm，一些海岸地区有被淹没的危险。全球变暖也可能影响降雨和大气环流的变化，使气候反常，易造成旱涝灾害。这些都可能导致生态系统发生变化和破坏，全球气候变化将对人类生活产生一系列重大影响。

2. 臭氧层的破坏

在离地球表面 10~50km 的大气平流层中集中了地球上 90% 的臭氧气体，在离地面 25km 处臭氧浓度最大，形成了厚度约为 3mm 的臭氧集中层，称为臭氧层。它能吸收太阳的紫外线，以保护地球上的生命免遭过量紫外线的伤害，并将能量储存在上层大气，起到调节气候的作用。但臭氧层是一个很脆弱的大气层，如果进入一些破坏臭氧的气体，它们就会和臭氧发生化学作用，臭氧层就会遭到破坏。臭氧层被破坏，将使地面受到紫外线辐射的强度增大，给地球生命带来很大的危害。研究表明，紫外线辐射能破坏生物蛋白质和基因物质脱氧核糖核酸，造成细胞死亡；使人类皮肤癌发病率增高；伤害眼睛，导致白内障而使眼睛失明；抑制植物如大豆、瓜类、蔬菜等的生长；能穿透

10m 深的水层，杀死浮游生物和微生物，从而危及水中生物的食物链和自由氧的来源，影响生态平衡和水体的自净能力。

3. 生物减少

生物多样性是在不断变化的。近百年来，由于人口的急剧增加和人类对资源的不合理开发，加之环境污染等原因，地球上的各种生物及其生态系统受到了极大的冲击，生物多样性也受到了很大的损害。有关学者估计，世界上每年至少有 5 万种生物物种灭绝，平均每天灭绝的物种达 140 个。在中国，由于人口增长和经济发展的压力，对生物资源的不合理利用和破坏，生物多样性所遭受的损失也非常严重，大约已有 200 个物种灭绝；约有 5000 种植物在近年内已处于濒危状态，这些约占中国高等植物总数的 20%；大约还有 398 种脊椎动物也处在濒危状态，约占中国脊椎动物总数的 7.7%。因此，保护和拯救生物多样性以及这些生物赖以生存的生活条件，同样是摆在我们面前的重要任务。

4. 酸雨蔓延

酸雨是指大气降水中酸碱度（pH 值）低于 5.6 的雨、雪或其他形式的降水。这是大气污染的一种表现。酸雨对人类环境的影响是多方面的。酸雨降落到河流、湖泊中，会妨碍水中鱼、虾的成长，以致鱼虾减少或绝迹；酸雨还导致土壤酸化，破坏土壤的营养，使土壤贫瘠化，危害植物的生长。此外，酸雨还腐蚀建筑材料。有关资料表明，近十几年来，酸雨地区的一些古迹特别是石刻、石雕或铜塑像的损坏超过以往百年以上，甚至千年以上。

5. 森林锐减

在当今地球上，我们的绿色屏障——森林正以平均每年 4000km^2 的速度消失。森林的减少使其涵养水源的功能受到破坏，造成了物种的减少和水土流失，对二氧化碳的吸收减少进而又加剧了温室效应。

6. 土地荒漠化

国家林业局防治荒漠化办公室等政府部门披露的资料指出，中国是世界上荒漠化严重的国家之一。根据第五次全国荒漠化和沙化状况公报，截至 2014 年，我国荒漠化土地面积 261.16×10^{4}km^2，占土面积的 27.2%，近 4 亿人口受到荒漠化的影响。据中国、美国、加拿大国际合作项目研究，中国因荒漠化造成的直接经济损失约为 541 亿元人民币。

中国荒漠化土地中，以大风造成的风蚀荒漠化面积最大，占了 160.7×10^{4}km^2。据统计，20 世纪 70 年代以来土地以 2460km^2/a 的速度沙化。土地荒漠化的最终结果大多是沙漠化。中国土地荒漠化的类型有风蚀荒漠化、水蚀荒漠化、冻融荒漠化、土壤盐渍化 4 种。风蚀荒漠化土地主要分布在干旱、半干旱地区，在各类型荒漠化土地中是面积最大、分布最广的一种。其中，干旱地区大体分布在内蒙古狼山以西，腾格里沙漠和龙首山以北包括河西走廊以北，柴达木盆地及其以北，以西到西藏北部。半干旱地区大体分布在内蒙古狼山以东向南，穿杭锦后旗、橙口县、乌海市，然后向西纵贯河西走廊的中东部直到肃北蒙古族自治县，呈连续大片分布。亚湿润干旱地区主要分布在毛乌素沙漠东部至内蒙古东部和东经 106°。中国水蚀荒漠化土地占荒漠化土地总面积的 7.8%，主要分布在黄土高原北部的无定河、窟野河、秃尾河等流域，在东北地区主要分布在西辽河的中上游及大凌河的上游。中国冻融荒漠化土地的面积占荒漠化土地面积的 13.8%，主要分布在青藏高原的高海拔地区。中国盐渍化土地占荒漠化土地总面积的 8.9%，比较集中连片分布的地区有柴达木盆地、塔里木盆地周边绿洲，以及天山北麓山前冲积平原地带、河套平原、银川平原、华北平原及黄河三角洲。

根据第五次全国荒漠化和沙化状况公报的监测结果，自 2004 年以来，我国荒漠化和沙化状况连续 3 个监测期"双缩减"，呈现整体遏制、持续缩减、功能增强、成效明显的良好态势，但防治形势依然严峻。

7. 大气污染

大气污染的主要因子为悬浮颗粒物、可吸入颗粒物、一氧化碳、臭氧、二氧化碳、二氧化硫、氮氧化物、铅等。大气污染导致每年有 30 万~70 万人因烟尘污染提前死亡，2500 万的儿童患慢性喉炎，400 万~700 万的农村妇女儿童受害。

凡是能使空气质量变差的物质都是大气污染物。大气污染物已知的约有 100 多种，大气污染物产生的因素有自然因素（如森林火灾、火山爆发等）和人为因素（如工业废气、生活燃煤、汽车尾气等）两种，并且后者为主要因素，尤其是工业生产和交通运输所造成的污染物。主要过程由污染源排放、大气传播、人与物受害这三个环节所构成。影响大气污染范围和强度的因素有污染物的性质（物理的和化学的），污染源的性质（源强、源高、源内温度、排气速率等），气象条件（风向、风速、温度层结等），地表性质（地形起伏、粗糙度、地面覆盖物等）等。按其存在状态可分为两大类，一种是气溶胶状态污染物，另一种是气体状态污染物。气溶胶状态污染物主要有粉尘、烟液滴、雾、降尘、飘尘、悬浮物等。气体状态污染物主要有以二氧化硫为主的硫氧化合物，以二氧化氮为主的氮氧化合物，以二氧化碳为主的碳氧化合物以及碳、氢结合的碳氢化合物。大气中不仅含无机污染物，而且含有机污染物。并且随着人类不断开发新的物质，大气污染物的种类和数量也在不断变化着。

2013 年 2 月，全国科学技术名词审定委员会将 PM2.5 的中文名称命名为细颗粒物。细颗粒物的化学成分主要包括有机碳（OC）、元素碳（EC）、硝酸盐、硫酸盐、铵盐、钠盐（Na^+）等。

2016 年全国重污染 784 天次，以 PM2.5 为首要污染物的天数占重度及以上污染天数的 80.3%，以 PM10 为首要污染物的占 20.4%，以 O_3 为首要污染物的占 0.9%。

8. 水污染

水是我们日常最需要、也是接触最多的物质之一。水污染包括城市水资源污染、河流水资源污染等。

根据 2015 年中国环境状况公报，全国地表水总体为轻度污染，部分城市河段污染较重。全国废水排放总量 $695.4×10^8 t$，其中工业废水排放量 $209.8×10^8 t$，城镇生活污水排放量 $485.1×10^8 t$。全国十大水系的水质有一半被污染；国控重点湖泊的水质有四成被污染；31 个大型淡水湖泊的水质有 17 个被污染；9 个重要海湾中，辽东湾、渤海湾和胶州湾的水质差，长江口、杭州湾、闽江口和珠江口的水质极差。

全国十大流域面临的严重问题是水体污染和水资源短缺，主要河流有机污染普遍，主要湖泊富营养化严重。其中辽河、淮河、黄河、海河等流域都有 70% 以上的河段受到污染。《水污染防治行动计划》（"水十条"）提出，到 2020 年，长江、黄河、珠江、松花江、淮河、海河、辽河等七大重点流域水质优良（达到或优于Ⅲ类）比例总体要达到 70% 以上。

9. 海洋污染

人类活动使近海区海水中的氮和磷增加 50%～200%；过量营养物导致沿海藻类大量生长；波罗的海、北海、黑海、中国东海等出现赤潮。海洋污染导致赤潮频繁发生，破坏了红树林、珊瑚礁、海草，使近海鱼虾锐减，渔业损失惨重。

2016 年春季和夏季，我国符合一类海水水质标准的海域面积占管辖面积的 95%，劣于第四类海水水质标准的海域面积分别为 $42430 km^2$ 和 $37420 km^2$。全国近岸海域水质基本保持稳定，水质级别为一般。

10. 土壤污染

根据 2014 年全国土壤污染状况调查公报，全国土壤环境状况总体不容乐观，部分地区土壤污染较重，耕地土壤环境质量堪忧，工矿业废弃地土壤环境问题突出。全国土壤总的点位超标率为 16.1%，其中轻微、轻度、中度和重度污染点位比例分别为 11.2%、2.3%、1.5% 和 1.1%。从土地利用类型看，耕地、林地、草地土壤点位超标率分别为 19.4%、10.0%、10.4%。从污染类型看，以无机型为主，有机型次之，复合型污染比重较小，无机污染物超标点位数占全部超标点位的 82.8%。从污染物超标情况看，镉、汞、砷、铜、铅、铬、锌、镍 8 种无机污染物点位超标率分别为 7.0%、1.6%、2.7%、2.1%、1.5%、1.1%、0.9%、4.8%；六六六、滴滴涕、多环芳香烃 3 类有机污染物点位超标率分别为 0.5%、1.9%、1.4%。

我国土壤环境质量受多重因素叠加影响，土壤污染是在经济社会发展过程中长期累积形成的。工矿业、农业生产等人类活动和自然背景值高是造成土壤污染或超标的主要原因。

11. 危险废物

危险废物是指除放射性废物以外，具有化学活性或毒性、爆炸性、腐蚀性和其他对人类生存环境存在有害特性的废物。美国在《资源保护与回收法（RCRA）》中规定，所谓危险废物是指一种固体废物和几种固体的混合物，因其数量和浓度较高，可能造成或导致人类死亡率上升，或引起严重的难以治愈疾病或致残的废物。

二、我国环境质量现状

党的十八大以来，国务院发布实施大气、水、土壤污染防治三大行动计划，坚决向污染宣战。我国生态环境状况明显改善，累计完成燃煤电厂超低排放改造 $7×10^8$ kW，淘汰黄标车和老旧车 2000 多万辆；13.8 万个村庄完成农村环境综合整治；建成自然保护区 2750 处，自然保护区陆地面积约占全国陆地总面积的近 14.9%。2017 年，全国 338 个地级及以上城市可吸入颗粒物（PM10）平均浓度比 2013 年下降 22.7%，京津冀、长三角、珠三角细颗粒物（PM2.5）平均浓度分别下降 39.6%、34.3%、27.7%，北京市 PM2.5 平均浓度下降 34.8%，达到 $58\mu g/m^3$，珠三角区域 PM2.5 平均浓度连续 3 年达标。全国地表水优良水质断面比例不断提升，劣 V 类水质断面比例持续下降，大江大河干流水质稳步改善。

根据生态环境部公布的《2017 中国生态环境状况公报》指出，2017 年全国大气和水环境质量进一步改善，土壤环境风险有所遏制，生态系统格局总体稳定，核与辐射安全得到有效保障，人民群众切实感受到生态环境质量的积极变化。公报重点介绍 2017 年大气、淡水、海洋、土地、自然生态、声、辐射、气候变化与自然灾害、基础设施与能源状况，综述生态环境保护工作。

1. 大气污染方面

1）地级及以上城市

2017 年，全国 338 个地级及以上城市中，有 99 个城市环境空气质量达标，占全部城市数的 29.3%；239 个城市环境空气质量超标，占 70.7%。

PM2.5 年均浓度范围为 $10\sim86\mu g/m^3$，平均为 $43\mu g/m^3$，比 2016 年下降 6.5%；超标天数比例为 12.4%，比 2016 年下降 1.7 个百分点。PM10 年均浓度范围为 $23\sim154\mu g/m^3$，平均为 $75\mu g/m^3$，比 2016 年下降 5.1%；超标天数比例为 7.1%，比 2016 年下降 2.3 个百分点。

2）京津冀地区

13 个城市优良天数比例范围为 38.9%~79.7%，平均为 56.0%，比 2016 年下降 0.8 个百分点。北京优良天数比例为 61.9%，比 2016 年上升 7.8 个百分点；出现重度污染 19 天，严重污染 5 天，重度及以上污染天数比 2016 年减少 15 天。上海优良天数比例为 75.3%，比 2016 年下降 0.1 个百分点；出现重度污染 2 天，未出现严重污染，重度及以上污染天数与 2016 年持平。长三角地区 25 个城市优良天数比例范围为 48.2%~94.2%，平均为 74.8%，比 2016 年下降 1.3 个百分点。珠三角地区 9 个城市优良天数比例范围为 77.3%~94.8%，平均为 84.5%，比 2016 年下降 5.0 个百分点。

2. 地表水环境方面

1940 个国控水质断面（点位）中，优良水质断面（Ⅰ~Ⅲ类）比例为 67.9%，同比增加 0.1%；劣 Ⅴ 类断面比例为 8.3%，同比下降 0.3%，大江大河干流水质稳步改善。西北诸河和西南诸河水质为优，浙闽河流、长江和珠江流域水质良好，黄河、松花江、淮河和辽河流域为轻度污染，海河流域为中度污染。112 个重要湖泊（水库）中，Ⅰ 类至 Ⅲ 类水质的湖泊（水库）有 70 个，占 62.5%；劣 Ⅴ 类水质的有 12 个，占 10.7%。其中，太湖、巢湖和滇池湖体分别为轻度、中度和重度污染。地级及以上城市 898 个在用集中式生活饮用水水源水质监测断面中，813 个全年水质均达标，占 90.5%。其中，地表水水源达标率为 93.7%，地下水水源达标率为 85.1%。

监测表明，全国地表水总磷浓度同比下降 11.5%，超标断面比例为 19.1%，超过化学需氧量、氨氮，成为影响全国地表水水质的主要污染物。全国重点湖库总氮平均浓度是 $1.31mg/m^3$，同比上升了 4%。地下水 5100 个水质监测点位中，优良级、良好级、较好级、较差级和极差级点位分别占 8.8%、23.1%、1.5%、51.8% 和 14.8%。全海域海水符合第 Ⅰ 类水质标准的海域面积占中国管辖海域面积的 96%。近岸海域水质基本保持稳定，水质级别为一般。

3. 生态环境方面

2591 个开展监测的县域中，生态环境质量为"优""良""一般""较差"和"差"的县域分别有 534 个、924 个、766 个、341 个和 26 个，"优"和"良"的县域面积占国土面积的 42.0%，主要分布在秦岭—淮河以南及东北大小兴安岭和长白山地区；"一般"的县域占 24.5%，主要分布在华北平原、黄淮海平原、东北平原中西部和内蒙古中部；"较差"和"差"的县域占 33.5%，主要分布在内蒙古西部、甘肃中西部、西藏西部和新疆大部。

4. 海洋环境保护方面

2017 年夏季，符合第 I 类海水水质标准的海域面积占中国管辖海域面积的 96%。与 2016 年同期相比，劣于第 IV 类海水水质标准的海域面积减少 3700km²。

2017 年，全国近岸海域水质基本保持稳定，水质级别为一般，主要污染指标为无机氮和活性磷酸盐。417 个点位中，I 类海水比例为 34.5%，比 2016 年上升 2.1 个百分点；II 类为 33.3%，比 2016 年下降 7.7 个百分点；III 类为 10.1%，比 2016 年下降 0.2 个百分点；IV 类为 6.5%，比 2016 年上升 3.4 个百分点；劣 IV 类为 15.6%，比 2016 年上升 2.4 个百分点。

海洋重要天然渔业水域主要污染指标为无机氮和活性磷酸盐。无机氮、活性磷酸盐、化学需氧量和石油类监测浓度优于评价标准的面积占所监测面积的比例分别为 20.0%、35.7%、59.7% 和 94.4%。

5. 土地方面

全国耕地平均质量等级为 5.09 等。其中，评价为一至三等的耕地面积为 5.55 亿亩（1 亩 = 666.7m²），占耕地总面积的 27.4%；评价为四至六等的耕地面积为 9.12 亿亩，占耕地总面积的 45.0%；评价为七至十等的耕地面积为 5.59 亿亩，占耕地总面积的 27.6%。

2017 年，农业用水量占全社会用水总量的比重为 62.4%，农田灌溉水有效利用系数为 0.536。水稻、玉米和小麦三大粮食作物化肥利用率为 37.8%，比 2015 年上升 2.6 个百分点。农药利用率为 38.8%，比 2015 年上升 2.2 个百分点。畜禽粪污综合利用率为 64%。秸秆综合利用率为 82% 左右。

2017 年，全国新增水土流失综合治理面积 $5.9 \times 10^4 km^2$。

6. 气候变化方面

全国二氧化碳、甲烷和氧化亚氮平均浓度分别为 794.4mg/m³、1362.1μg/m³ 和 647.6μg/m³。公报显示臭氧浓度逐年上升。我国臭氧污染呈现连片式、区域性污染特征，主要集中在辽宁中南部、京津冀及周边、长三角、武汉城市群、陕西关中地区，以及成渝、珠三角区域。从污染程度看，我国臭氧污染以轻度为主，未发生严重污染。

第四节　环境质量指标及其监测体系

一、环境质量指标

1. 大气环境质量

环境空气质量标准常用的指标主要包括二氧化硫（SO_2）、二氧化氮（NO_2）、一氧化碳（CO）、臭氧（O_3）、颗粒物、氮氧化物（NO_x）、总悬浮物（TSP）、铅（Pb）和苯并［a］芘（BaP）。为了区分基本项目和其他项目，分别规定了环境空气污染物浓度限值，基本项目包括 SO_2、NO_2、CO、O_3、颗粒物（PM10）、颗粒物（PM2.5）共 6 项，其他项目包括 NO_x、总悬浮物、Pb、苯并［a］芘。

建设项目中，凡是常规污染物均列为大气环境质量监测因子，特征污染物以及没有质量标准且毒性较大的污染物也作为监测因子。油气管道建设项目中，常把非甲烷总烃或总烃列为监测因子。

二氧化硫（SO_2）是最常见、最简单的硫氧化物，大气主要污染物之一。火山爆发时会喷出该气体，在许多工业过程中也会产生二氧化硫。由于煤和石油通常都含有硫元素，因此燃烧时会生成二氧化硫。当二氧化硫溶于水中，会形成亚硫酸。若把亚硫酸进一步在 PM2.5 存在的条件下氧化，便会迅速高效生成硫酸（酸雨的主要成分）。这就是人们为使用这些燃料作为能源而可能产生的环境效果所担心的原因之一。二氧化硫主要是人为来源，以煤和石油为燃料的火力发电厂、工业锅炉、垃圾焚烧、生活取暖、柴油发动机、金属冶炼厂、造纸厂等是产生二氧化硫的主要场所。其中，大多的二氧化硫都产生于对含硫矿石的冶炼，化石燃料的燃烧，或生产硫酸、磷肥等的工业废气和机动车辆的排气。农村二氧化硫主要产生于农家烧煤球、煤饼、蜂窝煤等燃料时排放的废气。有关研究表明，目前 90% 的二氧化硫排放来自燃煤的废气。2017 年 10 月 27 日，世界卫生组织国际癌症研究机构公布的《致癌物清单初步整理参考》，二氧化硫在 3 类致癌物清单中。

二氧化氮（NO_2）等氮氧化物是常见的大气污染物，空气中的二氧化氮主要来源是汽车在启动、点火时生成的 NO 排出到空气中，与 O_2 接触反应生成 NO_2。此外，工业生产过程也可产生一些二氧化氮。据估计，全世界人为污染每年排出的氮氧化物大约为 $5300×10^4t$；另外闪电也可以产生 NO_2，在出现闪电时由于空气中电场极强，空气中的一些物质的分子被撕裂而导电，雷电电流通过时产生大量的热，使已经呈游离状态的空气成分 N_2、O_2 结合。二氧化氮等氮氧化物能刺激呼吸器官，引起急性毒作用和慢性毒作用，影响和危害人体健康。

铅（Pb）对环境的污染，一是由冶炼、制造和使用铅制品的工矿企业，尤其是来自有色金属冶炼过程中所排出的含铅废水、废气和废渣造成的。二是由汽车排出的含铅废气造成的，汽油中用四乙基铅 $[Pb(C_2H_5)_4]$ 作为抗爆剂（每千克汽油用 $1\sim3g$），在汽油燃烧过程中，铅便随汽车排出的废气进入大气。我国已于 2000 年全面禁用含铅汽油。

苯并 [a] 芘又称苯并芘，英文缩写 BaP，是一种常见的高活性间接致癌物和突变原。气态存在于煤焦油、各类炭黑和煤、石油等燃烧产生的烟气、香烟烟雾、汽车尾气中。BaP 被认为是高活性致癌剂，但并非直接致癌物，必须经细胞微粒体中的混合功能氧化酶激活才具有致癌性。长期生活在含 BaP 的空气环境中会造成慢性中毒。许多国家的动物实验证明，BaP 具有致癌、致畸、致突变性。

2. 水环境质量指标

1）相关指标

地表水环境质量指标包括两类，一类为常规水质参数，能反映水域水质一般状况；另一类是特征水质参数，它能代表建设项目将来排放的水质。常规指标共 24 项，包括水温、pH 值、溶解氧、高锰酸盐指数、化学需氧量、五日生化需氧量、氨氮、总磷、总氮、铜、锌、氟化物、硒、砷、汞、镉、铬（六价）、铅、氰化物、挥发酚、石油类、阴离子表面活性剂、硫化物、粪大肠菌群等。

地下水环境质量指标共 39 项，包括色、臭、味、浑浊度、肉眼可见物、pH 值、总硬度、溶解性总固体、硫酸盐、氯化物、铁、锰、铜、锌、钼、挥发性酚类、阴离子合成洗涤剂、耗氧量、氨氮、硫化物、钠、总大肠菌群、细菌总数、硝酸盐、亚硝酸盐、氟化物、碘化物、氰化物、汞、砷、硒、镉、铬（六价）、铅、三氯甲烷、四氯化碳、苯、甲苯、总放射性 α、总 β 放射性。

2）相关指标的含义

溶解氧，顾名思义是指溶解在水中的空气中的分子态氧。水中的溶解氧的含量与空气中氧的分压、水的温度都有密切关系。在自然情况下，空气中的含氧量变动不大，水温是主要的因素，水温越低，水中溶解氧的含量越高。溶解于水中的分子态氧称为溶解氧，通常记作 DO，用每升水里氧气的毫克数表示。水中溶解氧的多少是衡量水体自净能力的一个指标。

高锰酸盐指数在以往的水质监测分析中，也被称为化学需氧量的高锰酸钾法。但是，由于这种方法在规定条件下，水中有机物只能部分被氧化，并不是理论上的需氧量，也不是反映水体中总有机物含量的尺度，因此，用高锰酸盐指数这一术语作为水质的一项指标，以有别于重铬酸钾法的化学需氧量，更符合客观实际。以高锰酸钾溶液为氧化剂测得的化学耗氧量，以前称为锰法化学耗氧量。我国新的环境水质标准中，已把该值称为高锰酸盐指数，而仅将酸性重铬酸钾法测得的值称为化学需氧量。国际标准化组织（ISO）建议高锰酸钾法仅限于测定地表水、饮用水和生活污水，不适用于工业废水。

化学需氧量，是在一定的条件下，采用一定的强氧化剂处理水样时，所消耗的氧化剂量，它是表示水中还原性物质多少的一个指标。水中的还原性物质有各种有机物、亚硝酸盐、硫化物、亚铁盐等，但主要的是有机物。因此，化学需氧量（COD）又往往作为衡量水中有机物质含量多少的指标。化学需氧量越大，说明水体受有机物的污染越严重。我国新的环境水质标准中，将酸性重铬酸钾法测得的值称为化学需氧量。

五日生化需氧量，即 BOD_5，就是微生物在最适宜温度下的 5d 的生化需氧量，一般以 20℃作为测定的标准温度。20℃时在 BOD 的测定条件（氧充足、不搅动）下，一般有机物 20d 才能够基本完成在第一阶段的氧化分解过程（完成过程的 99%）。也就是说，测定第一阶段的生化需氧量，需要 20d，这在实际工作中是难以做到的。为此又规定了一个标准时间，一般以 5d 作为测定 BOD 的标准时间，因而称之为五日生化需氧量，以 BOD_5 表示。BOD_5 约为 BOD_{20} 的 70%。生化需氧量广泛应用于衡量废水的污染强度和废水处理构筑物的负荷与效率，也用于研究水体的氧平衡。通过生化需氧量和化学需氧量的比值可以说明水中的有机污染物有多少是微生物所难以分解的，而微生物难以分解的有机污染物对环境造成的危害更大。

3）声环境指标

按区域的使用功能特点和环境质量要求，声环境功能区分为以下五种类型。

（1）0 类声环境功能区：指康复疗养区等特别需要安静的区域。

（2）1 类声环境功能区：指以居民住宅、医疗卫生、文化教育、科研设计、行政办公为主要功能，需要保持安静的区域。

（3）2 类声环境功能区：指以商业金融、集市贸易为主要功能，或者居住、商业、工业混杂，需要维护住宅安静的区域。

（4）3类声环境功能区：指以工业生产、仓储物流为主要功能，需要防止工业噪声对周围环境产生严重影响的区域。

（5）4类声环境功能区：指交通干线两侧一定距离之内，需要防止交通噪声对周围环境产生严重影响的区域，包括4a类和4b类两种类型。4a类为高速公路、一级公路、二级公路、城市快速路、城市主干路、城市次干路、城市轨道交通（地面段）、内河航道两侧区域；4b类为铁路干线两侧区域。

不同的声环境功能区，对应着昼间和夜间的不同的环境噪声限值。

4）土壤环境质量指标

《土壤环境质量标准》（GB 15618—2018）规定的主要土壤环境指标有镉、汞、砷、铜、铅、铬、锌、镍、六六六、滴滴涕、苯并芘等。

二、总量控制

1. 排污许可制度和总量控制制度的关联

排污许可证制度与污染物总量控制的目标是一致的，均是改善环境质量。严格说来，总量控制是一种环境管理手段，与浓度控制相对应，而排污许可证制度是一种基础环境管理制度，是企业落实环境责任的具体化、制度化和规范化。

总量控制制度和排污许可制度的关联，主要体现在企事业单位的许可排放量和实际排放量的测算方法以及如何进行核算核定两个方面。总量控制制度一般将污染物排放削减量以目标责任书的形式下达给各省、自治区、直辖市及大的企业（如电力公司），随后各省、自治区、直辖市通过结构减排、工程减排、管理减排来实现污染物排放削减目标，但目前缺乏落实到企事业单位的具体载体。而排污许可证制度是落实企事业单位的许可排放量和实际排放量的载体及证明。因此，总量控制制度应当成为排污许可制度落实许可排放量与实际排放量的重要抓手，总量指标是许可的核心内容与许可条件的具体体现。作为落实企事业单位排放总量控制和改善区域流域环境质量的载体，排污许可证应对污染源的主要污染物排放总量进行许可和核查。

2. 排污许可制度和总量控制制度的变化历程

根据两项制度出现的时间及其在环境管理中的作用，排污许可制度和总量控制制度的发展历程大致分为三个阶段。

第一阶段（1988—1996年）：有排污许可制度，暂无总量控制制度。排污许可制度于1988年在我国正式出现，而总量控制制度于1996年8月才出现。此阶段，排污许可制度虽是我国当时的"八项基本环境管理制度"之一，但并未真正成为一项基础性环境管理制度。

第二阶段（1997—2015 年）：总量控制制度为核心，排污许可制度为辅助。总量控制制度一出现，经过"九五""十五""十一五"和"十二五"的持续推动，成为整个环境管理体系的核心制度，取得了极大环境效果，而排污许可制度则成为总量控制制度的企事业污染物削减量证明材料。在实际操作中，排污许可制度一直处于"申请就发证，发证便不管"的境地，到目前，全国 28 个省市实行了排污许可制度，但多流于形式，一直无法发挥该制度本身的功能和作用。

第三阶段（2016 年至今）：排污许可制度为核心，总量控制制度为辅助。虽然污染物总量减排取得了极大进展和效果，但是随着我国区域性复合型环境污染形势日益凸显，通过污染治理工程减排潜力日益减少，在当前的环境保护形势和公众高度关注民生环境的情况下，环境质量一直未能明显改善，使得我国的污染物总量控制面临着一系列新的问题和挑战，如何通过制度改革落实企业环境责任、改善环境质量成为重要工作。由于我国现有的各项固定污染源环境管理制度存在衔接不畅、"数出多门""政出多门""多政一门"等问题，迫切需要改革整个固定污染源环境管理体系。为此，在借鉴国内外经验的基础上，建立了以排污许可证制度为核心的环境管理制度体系。2016年，国务院印发的《控制污染物排放许可制实施方案》（国办发〔2016〕81号），明确了排污许可制在固定污染源环境管理制度中的核心地位。2018 年 1 月 10 日环境保护部发布实施《排污许可管理办法（试行）》，进一步明确了排污许可的实施和管理内容。

3. 现有排污许可制度对污染物总量控制的要求

根据《控制污染物排放许可制实施方案》《排污许可证管理暂行规定》《关于开展火电、造纸行业和京津冀试点城市高架源排污许可证管理工作的通知》等政策文件，建立覆盖所有固定源的排污许可制度后，固定源的排放总量削减通过收紧许可排放量予以落实，强化事中事后监管。排污许可制度对总量控制制度提出了如下衡量指标的方式和总量减排核算考核办法。

（1）通过实施排污许可制度，落实企事业单位污染物排放总量控制要求，逐步实现由行政区域污染物排放总量控制向企事业单位污染物排放总量控制转变，控制的范围逐渐统一到固定污染源，将总量控制的责任回归到企事业单位，并将企事业单位总量控制上升为法定义务。

（2）总量控制指标是排污许可制度许可排放量分配方法中的一种。排污许可证载明的许可排放量即为企业污染物排放的上限值，是企业污染物排放的总量指标。

（3）一个区域内所有排污单位许可排放量之和就是该区域固定源总量控制指标，总量削减计划即是对许可排放量的削减，排污单位年实际排放量与上一年度的差值，即为年度实际排放变化量。

（4）环境质量不达标地区，要通过提高排放标准或加严许可排放量等措施，对企事业单位实施更为严格的污染物排放总量控制，应当在排污许可证中予以明确，推动改善环境质量。

（5）改革现有的总量核算与考核办法，总量考核服从质量考核。

三、环境监测技术

在我国环境监测体系中，目前已经形成了4级环境监测网络，在各个省、市、县都有监测网点对环境进行分析评估。在国家监测的网站中，不仅有空气、酸雨、水质这些极易出现环境污染方面的监测，还有噪声、辐射等区域网点的监测管理。这样的环境监测体系正在不断完善，相关部门也希望能够从各个角度最大限度地对环境问题进行监督。但我国环境监测起步较晚，早期没能有效地发展和完善，导致我国现有环境监测体系与发达国家还存在一定差距。2017年，中国环境保护产业协会发布的《固定污染源自动监控（监测）系统现场端建设技术规范》规定了固定污染源自动监控（监测）系统现场端的设计、建设、安装、现场施工、安全防护和验收的相关技术要求。

近年来随着对监测技术研究的深入，各种监测技术水平得到了很大提升，各种监测手段为环境监测领域取得了良好成果。根据监测技术以及监测方式的不同，环境监测分为监视性监测、特定目的性监测和研究性监测。一般监测流程：确定目的，现场调查取样，监测计划设计，样品采集，运送保存，分析处理，结果评价。

1. 化学监测技术

在环境监测过程中，化学监测技术是现有阶段比较成熟的一种手段。一般导致环境污染的原因是化学因子在环境中的作用，而化学监测技术是对该化学因子的浓度进行测试，可以使化学污染成分有效地被识别出来，为环境的统计及治理提供相应数据。

1）常规化学分析法

常规化学分析法包括重量分析法、容量分析法，这些基础的化学分析方法一般不需借助精密仪器，便于操作。重量分析法一般先用适当的方法将被测组分与试样中的其他组分分离后，转化为一定的称量形式，然后称量，由称得的物质的质量计算出该组分的含量。在环境监测中，环境空气中PM2.5、

PM10、TSP、水中悬浮物、水中石油类物质的检测和硫酸根等项目的测定仍使用重量分析法。容量分析法的实质是滴定分析法，通常将被测溶液置于锥形瓶中，将已知浓度试剂溶液滴加到被测溶液中，直到所加的试剂与被测物质按化学式计量定量反应为止，然后根据试剂溶液的浓度和用量，计算出被测物质的含量。在环境监测中，水中的 BOD_5、COD、酸碱度、总硬度等项目使用滴定分析法。

2）仪器分析法

环境监测分析种类繁多、组分复杂、被检测组分含量低，常规化学分析法不能满足日益增加的检测项目，仪器分析法由于灵敏度高、选择性强，成为环境监测中重要的分析方法。目前仪器分析法分为光化学分析、电化学分析、色谱分析、质谱法及其联用技术等。

在光化学分析法中，分光光度法是基于物质对光的选择性吸收来测定物质组分的分析方法。在环境监测中，水中的总磷、总氮、游离氯等和大气及降雨中的硫酸盐、亚硝酸盐、硝酸盐、氯化物、铵盐、氮氧化物等均有使用分光光度法的国家标准方法。原子吸收光谱法、原子荧光光谱法、原子发射光谱法、X 射线荧光光谱法等方法由于灵敏度高，干扰小，可以测定大多数元素，成为环境中有害元素分析的主要手段。在国家标准中，土壤和水中的元素分析方法大部分是以原子光谱法为基础建立的。

电化学分析法包括离子选择电极、库仑分析、微库仑分析、极谱法和溶出伏安法。大气及烟道废气中氟的测定、水体中氟的测定、空气中氰含量的测定等可以使用电化学分析法。

色谱分析法是一种快速分离分析技术，是利用混合物中待测组分在固定相和流动相中吸附能力分配系数或其他亲和作用的差异而建立的分离测定方法。在环境监测中，气相色谱和液相色谱主要应用于土壤中残留农药和其他有机污染物的检测、大气及水体中有机污染物的检测。大气中的多环芳香烃、甲醛等醛酮污染物，水环境中的酚类物质、除草剂、微囊藻毒素等都可以采用液相色谱法进行检测。

离子色谱相对于常规化学分析，对于样本中阴离子和阳离子的测定更加快捷和高效，水环境中的氟化物、氯化物、亚硝酸盐、硫酸盐等指标的检测和大气中 SO_2，NO_x，F^-，Cl^- 等的检测都可以利用离子色谱实现。质谱技术的出现大大提高了检测的特异性和灵敏度，在环境监测中常用的质谱法有气相色谱—质谱联用技术（GC-MS）和液相色谱—质谱联用技术（LC-MS），前者适合于多混合物中未知组分的定性鉴定，后者尤其适用于环境中农药残留的快速检测。这两种方法分别分析不同种类的化合物，互为补充，在大气、土壤、水质监测中发挥着重要作用。在环境监测中，除了上述有机质谱外，还有无机质谱，如电感耦合等离子体质谱（ICP-MS），无机元素微量分析和同位素分析等。ICP-MS分析精密度高，可进行多元素同时快速分析，可单独使用进行元素痕量分析，尤其在水质中低含量元素的检测方面使用广泛，同时ICP-MS也可与离子色谱、液相色谱联用，做元素形态与价态分析，对环境元素的毒性及其对生态系统的影响研究极为重要。

2. 物理监测技术

在环境监测中，应用最广泛的是物理监测技术。物理监测技术主要是应用于热、光、电磁辐射、噪声等一系列环境污染因素的测定，通过对物理因子强度和能量的测定，了解环境污染中物理因素所占的比例。无论是在土壤、水质、废物还是空气的监测中，都可以发现物理监测技术发挥了多功能作用，尤其是在大气污染监测方面，对于空气中气体浓度的测定，对于温室气体的鉴定，都少不了物理监测技术。

3. 生物监测技术

生物监测是指利用生物个体种群或群落对环境污染或变化所产生的反应，从生物学角度对环境污染状况进行监测和评价的一门技术，包括生物群落监测法、微生物监测法、生物残毒测定法、生物测试法、生物传感器技术、分子生态毒理学和分子生物学技术、遗传毒理学技术、生物标志物法等。我国对于生物监测技术的使用从近几年才开始，利用生物对于周围环境中出现的问题进行的及时反应，不仅可以快速有效地对环境中的变化做出处理，还能减少在检测过程中对于环境的损坏，并且其测试结果以及信息都很准确，这项检测技术得到了专业检测人员的认可。

4. 环境监测技术发展趋势

我国环境监测技术经历了几十年的发展，其现有的检测手段已趋于成熟，对于化学、生物、物理手段的应用已经逐渐与世界监测技术接轨，综合我国在环境监测技术方面的发展规律及特点，未来环境监测技术发展趋势如下。

1）监测信息化

未来环境监测发展方向主要在于对监测信息网的建设以及普及方面。如何提高技术监测效率，保障各个省市之间对于信息进行数据互通、实现数据共享是未来监测中重点研究和发展的方向。一旦建立起相应的监测信息平台，各个环境监测网点可以实现信息交流互换，对于环境监测发展非常有利，而数据库的统一管理是未来环境监测技术发展的大趋势。

2）生物监测手段发展

从现有环境监测技术方面看，目前化学及物理监测技术的利用非常广泛，虽然生物监测的优势已经很明显，但因为技术不到位，人员难以有效配置，导致生物监测技术不能在各个地区进行推广。因此需要大力发展生物监测技术，利用动植物对于环境的变化进行测量。以水质监测为例，浮游植物对于水质的监控作用远远超出了物理化学手段的监测范围，一些藻类不但可以作为模型生物应用在急性生物毒性测定及评价中，其生物量及种类变化、浮游藻类组成及优势种类变化、浮游植物种群变化、浮游植物种类演替还可以反映水体的变化，一旦水体进入富营养化，其浮游藻类植物种群就会倾向单一，这样快速有效且准确的生物预报手段对于水质的保护是化学物理监测手段所不能达到的。

3）现场监测的自动化

已往环境监测的过程中，还需要相关人员对监测过程进行监督，大大占用了技术人员的时间和精力。在目前及未来的环境监测中，大型仪器正在向自动化、连续化方向发展。在污染源的监测中，进行全自动在线监控，这种技术手段能缩短监测时间，大大提高监测效率，有效缓解现阶段技术人员缺少的压力。

中国石油污染源在线监测系统于 2013 年 1 月 1 日正式上线运行，不但做到了所有废水、废气、废物污染源全覆盖，而且做到了每天 24h 全天候运行管理和监控。截至 2016 年底，污染源监测点增加到 304 个，其中 243 个国家重点监控点 100% 受控，该系统在中央企业中处于领先水平。

4）数据分析自动化

现在的数据分析技术还需要人为进行，这样不但耗时，还占用了大量技术人员。现在某些研究部门已经在引进外国的高端技术并且加以改造，使环境检测技术从手工法、经典化学方法向仪器分析方向发展，实现数据处理自动化。

中国石油污染源在线监测系统是一个集成度高、性能先进、展示性好的共用基础平台，包括"一个中心""一个网络""五个子系统"：污染源在线监控中心；污染源在线监测网络；数据采集传输子系统、污染源地理信息子系统、视频图像接入子系统、污染源在线监测子系统和环境应急监测子系统，具有采集与上传、统计分析、超标报警、实时视频监控、环境应急监测会商等五大功能。

5）建立健全管理体系

无论是环境监测技术还是仪器使用，都需要一个健全的管理体系进行整体的监督管理。我国现有的环境监测管理体系难以快速有效地对监测流程及数据结果进行管理分类，存在一些管理漏洞。如何建立健全管理体系是发展监测技术的关键。在管理体系的建设中，需要对数据处理建立档案，对平台进行合理规划，以实现快速便捷、数据共享的目标。

四、环境标准及其组成

1. 国家环境保护标准

1）国家环境质量标准

国家环境质量标准是为了保障人群健康、维护生态环境和保护社会物质财富，并考虑技术、经济条件，对环境中有害物质和因素所做的限制性规定。国家环境质量标准是一定时期内衡量环境优劣程度的标准，从某种意义上讲是环境质量的目标标准，表 1-1 给出了部分常用国家环境质量标准。

表 1-1　部分常用环境质量标准

类别	标准编号	名称	实施日期
水环境质量	GB 3838—2002	《地表水环境质量标准》	2002-06-01
	GB/T 14848—2017	《地下水质量标准》	2018-05-01
	GB 5084—2005	《农田灌溉水质标准》	2006-11-01
	GB 5749—2006	《生活饮用水卫生标准》	2007-07-01
大气环境质量	GB 3095—2012	《环境空气质量标准》	2016-01-01
	GB/T 18883—2002	《室内空气质量标准》	2003-03-01
声环境质量	GB 3096—2008	《声环境质量标准》	2008-10-01
土壤环境质量	GB 15618—2018	《土壤环境质量农用地土壤污染风险管控标准（试行）》	2018-08-01

2）国家污染物排放标准（或控制标准）

国家污染物排放标准是根据国家环境质量标准以及适用的污染控制技术，并考虑经济承受能力，对排入环境的有害物质和产生污染的各种因素所做的限制性规定，是对污染源控制的标准。表 1-2 给出了部分常用污染物排放标准。

表 1-2　部分常用污染物排放标准

类别	标准编号	名称	实施日期
水污染物排放	GB 8978—1996	《污水综合排放标准》	1998-01-01
	GB/T 18920—2002	《城市污水再利用　城市杂用水水质》	2003-05-01
	GB 18918—2002	《城镇污水处理厂污染物排放标准》	2003-07-01
大气污染物排放	GB 16297—1996	《大气污染物综合排放标准》	1997-01-01
	GB 13271—2014	《锅炉大气污染物排放标准》	2014-07-01

续表

类别	标准编号	名称	实施日期
噪声	GB 12348—2008	《工业企业厂界环境噪声排放标准》	2008-10-01
	GB 12523—2011	《建筑施工场界环境噪声排放标准》	2012-07-01
固体废物	GB 18599—2001	《一般工业固体废物贮存、处置场污染控制标准》（2013年修订）	2002-07-01
	GB 18597—2001	《危险废物贮存污染控制标准》（2013年修订）	2002-07-01

3）国家环境监测方法标准

国家环境监测方法标准是为监测环境质量和污染物排放，规范采样、分析、测试数据处理等所做的统一规定（是指对分析方法、测定方法、采样方法、试验方法、检验方法、生产方法、操作方法等所做的统一规定）。环境监测中最常见的是分析方法、测定方法、采样方法。

4）国家环境标准样品标准

国家环境标准样品标准是指为保证环境监测数据的准确、可靠，对用于量值传递或质量控制的材料、实物样品而制定的标准物质。标准样品在环境管理中起着特别的作用：可用来评价分析仪器，鉴别其灵敏度；评价分析者的技术，使操作技术规范化。

5）国家环境基础标准

国家环境基础标准是对环境标准工作中需要统一的技术术语、符号、代号（代码）、图形、指南、导则、量纲单位及信息编码等所做的统一规定。

6）其他

其他国家环境保护行业标准是指除上述环境标准外，在环境保护工作中对还需要统一的技术要求所制定的标准，包括执行各项环境管理制度、监测技术、环境区划、规划的技术要求、规范、导则等。环境影响评价技术导则一般可分为各环境要素的环境影响评价导则、各专项或专题的环境影响评价导则、规划和建设项目的环境影响评价导则等。

2. 地方环境保护标准

地方环境标准是对国家环境标准的补充和完善。由省、自治区、直辖市人民政府制定。近年来为控制生态环境的恶化趋势，一些地方已将总量控制指标纳入地方环境标准。

1）地方环境质量标准

国家环境质量标准中未做出规定的项目，可以制定地方环境质量标准，并报国务院行政主管部门备案。

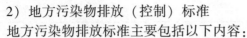
2）地方污染物排放（控制）标准

地方污染物排放标准主要包括以下内容：

（1）国家污染物排放标准中未做规定的项目，可以制定地方污染物排放标准；

（2）国家污染物排放标准已规定的项目，可以制定严于国家污染物排放标准的地方污染物排放标准；

（3）省、自治区、直辖市人民政府制定机动车、船大气污染物地方排放标准严于国家排放标准的，须报经国务院批准。

国家环境保护标准分为强制性和推荐性标准。环境质量标准、污染物排放标准，以及法律、法规规定必须执行的其他标准属于强制性标准，强制性标准必须执行。强制性标准以外的环境标准属于推荐性标准。国家鼓励采用推荐性环境标准，推荐性环境标准若被强制标准引用，也必须强制执行。

第二章　我国环境监管体系及相关法律法规

随着我国社会经济快速发展，环境保护越来越受到关注，党的十八大以来，以环境质量改善为出发点和落脚点，国家密集出台了一系列环保政策法规、标准规范，重构了环保管理制度框架，企业面临前所未有的环保合规风险。

第一节　我国环境保护监管体系

为加强环境监管执法，保护生态环境，实现环境监管，我国建立了比较严格的环境保护监管体系。一方面，从法律、法规、条例、规章制度、标准与规范等法律层面建立了比较严格的环境保护监管规则；另一方面，还大力提倡各类政府组织和非政府组织积极参与我国环境保护体系建设；与此同时，还大力提倡环保志愿者和个人积极投身到我国环境保护事业中。环境保护监管体系构架见图2-1。

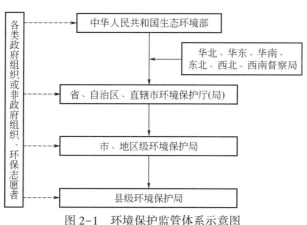

图 2-1　环境保护监管体系示意图

一、环境保护主管部门

根据《中华人民共和国环境保护法》（以下简称《环保法》）第十条的规定：国务院环境保护主管部门，对全国环境保护工作实施统一监督管理；县级以上地方人民政府环境保护主管部门，对本行政区域环境保护工作实施统一监督管理。

各地区督察局为生态环境部派出的行政机构，在所辖区域内承担监督地方对国家环境法规、政策、规划、标准的执行情况，中央环境保护督察相关工作和协调指导省级环保部门开展市、县环境保护综合督察等工作。

县级以上人民政府有关部门和军队环境保护部门，依照有关法律的规定对资源保护和污染防治等环境保护工作实施监督管理。

《环保法》中关于我国环境保护监督管理体制的规定，贯彻了"统一管理，分工负责"的原则，确立了统一监督管理与分级、分部门相结合的环境保护监督管理体制。

二、社会组织

环保民间组织是以环境保护为主旨，不以营利为目的，不具有行政权力并为社会提供环境公益性服务的民间组织。

近年来，环保民间组织在提升公众环境意识、促进公众环保参与、改善公众环保行为、开展环境维权与法律援助、参与环保政策的制定与实施、监督企业的环境行为、促进环保国际交流与合作等方面发挥了重要作用。

随着我国社会主义民主政治的改革和发展，各界民间组织蓬勃兴起、快速发展，已成为政府与企业之外的第三方力量。民间组织中最活跃的环保民间组织，已成为推动中国和全球环境保护事业发展与进步的重要力量。

中国环保民间组织主要经历了3个阶段：自1978年起到20世纪90年代初，中国环保民间组织经历了诞生和兴起阶段；1995年至21世纪初，该组织将环保工作向社区和基层延伸，进入了发展阶段；21世纪初，中国环保民间组织的工作范围逐步发展到组织公众参与环保、为国家环保事业建言献策、开展社会监督、维护公众环境权益等，环保NGO（非政府组织）进入了成熟阶段。

我国环保民间组织分4种类型。一是由政府部门发起成立的环保民间组织，如中华环保联合会、中华环保基金会、中国环境文化促进会，各地环境科学学会、环保产业协会、野生动物保护协会等；二是由民间自发组成的环保民间组织，如自然之友、地球村，以非营利方式从事环保活动的其他民间机构等；三是学生环保社团及其联合体，包括学校内部的环保社团、多个学校环保社团联合体等；四是国际环保民间组织驻华机构。

第二节　我国主要环境保护法律法规

一、法律法规体系

我国的环境保护法律法规体系由法律、环境保护行政法规、环境保护政府部门行政规章、环境保护地方性法规和地方人民政府行政规章、环境标准、中国缔结或参加的环境保护国际公约组成。

1. 法律法规体系构成

1）环境保护法律

与环境保护有关的法律主要有宪法、环境保护综合法、环境保护单行法、环境保护相关法等法律。

（1）宪法。

《中华人民共和国宪法》（2018年修正）是环境保护立法的依据和指导原则，主要规定了国家在合理开发、利用、保护、改善环境和自然资源方面的基本权利、义务、方针和政策等基本问题。

《中华人民共和国宪法》（2018年修正）共143条。其中第9条、第22条、第26条等条款对我国环境保护立法奠定了基础。

第九条：矿藏、水流、森林、山岭、草原、荒地、滩涂等自然资源，都属于国家所有，即全民所有；由法律规定属于集体所有的森林和山岭、草原、荒地、滩涂除外。

第二十二条：国家发展为人民服务、为社会主义服务的文学艺术事业、新闻广播电视事业、出版发行事业、图书馆博物馆文化馆和其他文化事业，开展群众性的文化活动。

国家保护名胜古迹、珍贵文物和其他重要历史文化遗产。

第二十六条：国家保护和改善生活环境和生态环境，防治污染和其他公害。

国家组织和鼓励植树造林，保护林木。

（2）环境保护综合法。

环境保护综合法是指《中华人民共和国环境保护法》（2014年修订），

2015 年 1 月 1 日起实施，它在环境法律法规体系中，占有核心和最高地位。

（3）环境保护单行法。

环境保护单行法是针对特定的保护对象而进行专门调整的立法，它以宪法和环境保护综合法为依据，又是宪法和环境保护综合法的具体化。因此，单行环境法规一般都比较具体详细，是进行环境管理、处理环境纠纷的直接依据。部分环境保护单行法见表 2-1。

表 2-1　部分环境保护单行法

名称	版本/实施日期
《中华人民共和国环境影响评价法》（2016 年修订）	2016-09-01
《中华人民共和国环境保护税法》	2018-01-01
《中华人民共和国海洋环境保护法》（2016 年修订）	2016-11-07
《中华人民共和国水污染防治法》（2017 年修订）	2018-01-01
《中华人民共和国大气污染防治法》（2015 年修订）	2016-01-01
《中华人民共和国固体废物污染环境防治法》（2016 年修正）	2016-11-07
《中华人民共和国环境噪声污染防治法》	1997-03-01
《中华人民共和国野生动物保护法》（2016 年修订）	2017-01-01
《中华人民共和国放射性污染防治法》	2003-10-01

（4）环境保护相关法。

环境保护相关法是指一些自然资源保护和其他与环境保护关系密切的法律，例如表 2-2 所列的部分相关法律。

表 2-2　部分环境保护相关法

名称	版本/实施日期
《中华人民共和国农业法》（2012 年修订）	2013-01-01
《中华人民共和国森林法》（2009 年修订）	2009-08-27
《中华人民共和国草原法》（2013 年修正）	2013-06-29
《中华人民共和国渔业法》（2013 年修正）	2014-03-01
《中华人民共和国矿产资源法》（1996 年修正）	1997-01-01
《中华人民共和国水法》（2016 年修订）	2016-07-02
《中华人民共和国土地管理法》（2004 年修正）	2004-08-28
《中华人民共和国可再生能源法》（2009 年修正）	2009-12-26
《中华人民共和国清洁生产促进法》（2012 年修正）	2012-07-01
《中华人民共和国水土保持法》（2010 年修订）	2011-03-01
《中华人民共和国防沙治沙法》	2002-01-01

2）环境保护行政法规

环境保护行政法规是由国务院制定并公布或经国务院批准有关主管部门发布的环境保护规范性文件。

一是根据法律授权制定的环境保护法的实施细则或条例，如《中华人民共和国自然保护区条例》（2017 年修订）、《中华人民共和国水污染防治法实施细则》《中华人民共和国森林法实施条例》《中华人民共和国环境保护税法实施条例》《国家危险废物名录》（2016 年修订）等；二是针对环境保护的某个领域而制定的条例、规定和办法，如《建设项目环境保护管理条例》（2017 年修订）、《矿产资源开采登记管理办法》（2014 年修订）、《报废汽车回收管理办法》等。

3）环境保护地方性法规和地方人民政府行政规章

环境保护地方性法规和地方性规章是享有立法权的地方权力机关和地方政府机关依据宪法和相关法律制定的环境保护规范性文件，是根据本地实际情况和特定环境问题制定的，并在本地区实施，有较强的可操作性。如《北京市防治大气污染管理暂行办法》《太湖水源保护条例》《湖北省环境保护条例》《贵阳市建设循环经济生态城市条例》《太原市清洁生产条例》等。

4）环境标准与环境影响评价技术导则

（1）环境标准。

环境标准是环境保护法律法规体系的一个组成部分，是环境执法和环境管理工作的技术依据。我国的环境标准分为国家环境保护标准和地方环境保护标准。

（2）环境影响评价技术导则。

为了规范环境影响评价技术和指导开展环境影响评价工作，从 1993 年起，国家陆续发布了一系列环境影响评价技术导则。环境影响评价技术导则在环境保护法律法规体系中，属于环境标准中的行业标准。环境影响评价技术导则一般可分为各环境要素的环境影响评价导则、各专项或专题的环境影响评价导则、规划和建设项目的环境影响评价导则等。目前已经发布的环境影响评价技术导则如表 2-3 所列。

表 2-3　环境影响评价技术导则列表

标准号	标准名称
HJ 2.1—2016	《建设项目环境影响评价技术导则 总纲》
HJ 2.2—2008	《环境影响评价技术导则 大气环境》
HJ 2.3—2018	《环境影响评价技术导则 地面水环境》

标准号	标准名称
HJ 610—2016	《环境影响评价技术导则 地下水环境》
HJ 2.4—2009	《环境影响评价技术导则 声环境》
HJ 19—2011	《环境影响评价技术导则 生态影响》
HJ 169—2018	《建设项目环境风险评价技术导则》
HJ/T 87—2002	《环境影响评价技术导则 民用机场建设工程》
HJ 708—2014	《环境影响评价技术导则 钢铁建设项目》
HJ 24—2014	《环境影响评价技术导则 输变电工程》
HJ 130—2014	《规划环境影响评价技术导则 总纲》
HJ 619—2011	《环境影响评价技术导则 煤炭采选工程》
HJ/T 88—2003	《环境影响评价技术导则 水利水电工程》
HJ/T 89—2003	《环境影响评价技术导则 石油化工建设项目》
HJ/T 349—2007	《环境影响技术评价导则 陆地石油天然气开发建设项目》
HJ/T 131—2003	《开发区区域环境影响评价技术导则》

5）中国缔结或参加的环境保护国际公约

目前中国已经签订、参加的与环境资源保护有关的国际条约主要有以下方面：

（1）危险废物的控制。

《控制危险废物越境转移及其处置巴塞尔公约》（1989 年 3 月 22 日）；

《控制危险废物越境转移及其处置巴塞尔公约》修正案（1995 年 9 月 22 日）。

（2）危险化品国际贸易的事先知情同意程序。

《关于化学品国际贸易资料交换的伦敦准则》（1987 年 6 月 17 日）；

《关于在国际贸易中对某些危险化学品和农药采用事先知情同意程序的鹿特丹公约》（1998 年 9 月 10 日）。

（3）化学品的安全使用和环境管理。

《作业场所安全使用化学品公约》（1990 年 6 月 25 日）。

《化学制品在工作中的使用安全公约》（1990 年 6 月 25 日）。

《化学制品在工作中的使用安全建议书》（1990 年 6 月 25 日）。

（4）臭氧层保护。

《保护臭氧层维也纳公约》（1985 年 3 月 22 日）；

《关于消耗臭氧层物质的蒙特利尔议定书》修正案（1987 年 9 月 16 日）。

（5）气候变化。

《联合国气候变化框架公约》（1992 年 6 月 11 日）；

《联合国气候变化框架公约京都议定书》（1997 年 12 月 10 日）。

（6）生物多样性保护。

《生物多样性公约》（1992 年 6 月 5 日）；

《国际植物新品种保护公约》（1978 年 10 月 23 日）；

《国际遗传工程和生物技术中心章程》（1983 年 9 月 13 日）。

（7）湿地保护、荒漠化防治。

《关于特别是作为水禽栖息地的国际重要湿地公约》（1971 年 2 月 2 日）；

《联合国防治荒漠化公约》（1994 年 6 月 7 日）。

（8）物种国际贸易。

《濒危野生动植物物种国际贸易公约》（1973 年 3 月 3 日）；

《濒危野生动植物种国际贸易公约》第二十一条的修正案（1983 年 4 月 30 日）；

1983 年《国际热带木材协定》（1983 年 11 月 18 日）；

1994 年《国际热带木材协定》（1994 年 1 月 26 日）。

（9）海洋环境保护。

《联合国海洋法公约》摘录（摘录第 12 部分《海洋环境的保护和保全》）（1982 年 12 月 10 日）；

《国际油污损害民事责任公约》（1969 年 11 月 29 日）；

《国际油污损害民事责任公约的议定书》（1976 年 11 月 19 日）；

《国际干预公海油污事故公约》（1969 年 11 月 29 日）；

《干预公海非油类物质污染议定书》（1973 年 11 月 2 日）；

《国际油污防备、反应和合作公约》（1990 年 11 月 30 日）；

《防止倾倒废物及其他物质污染海洋公约》（1972 年 12 月 29 日）；

《关于逐步停止工业废弃物的海上处置问题的决议》（1993 年 11 月 12 日）；

《关于海上焚烧问题的决议》（1993 年 11 月 12 日）；

《关于海上处置放射性废物的决议》（1993 年 11 月 12 日）；

《防止倾倒废物及其他物质污染海洋公约的 1996 年议定书》（1996 年 11 月 7 日）；

《国际防止船舶造成污染公约》（1973 年 11 月 2 日）；

《关于 1973 年国际防止船舶造成污染公约的 1978 年议定书》（1978 年 2 月 17 日）。

（10）海洋渔业资源保护。

《国际捕鲸管制公约》（1946 年 12 月 2 日）；

《养护大西洋金枪鱼国际公约》（1966 年 5 月 14 日）；

《中白令海狭鳕养护与管理公约》（1994 年 2 月 11 日）；

《跨界鱼类种群和高度洄游鱼类种群的养护与管理协定》（1995 年 12 月 4 日）；

《亚洲—太平洋水产养殖中心网协议》（1988 年 1 月 8 日）。

（11）核污染防治。

《及早通报核事故公约》（1986 年 9 月 26 日）；

《核事故或辐射紧急援助公约》（1986 年 9 月 26 日）；

《核安全公约》（1994 年 6 月 17 日）；

《核材料实物保护公约》（1980 年 3 月 3 日）。

（12）南极保护。

《南极条约》（1959 年 12 月 1 日）；

《关于环境保护的南极条约议定书》（1991 年 6 月 23 日）。

（13）自然和文化遗产保护。

《保护世界文化和自然遗产公约》（1972 年 11 月 23 日）；

《关于禁止和防止非法进出口文化财产和非法转让其所有权的方法的公约》（1970 年 11 月 17 日）。

（14）环境权的国际法规定。

《经济、社会和文化权利国际公约》（摘录）（1966 年 12 月 9 日）；

《公民权利和政治权利国际公约》（摘录）（1966 年 12 月 9 日）。

（15）其他国际条约中关于环境保护的规定。

《关于各国探索和利用包括月球和其他天体在内外层空间活动的原则条约》（摘录）（1967 年 1 月 27 日）；

《外空物体所造成损害之国际责任公约》（摘录）（1972 年 3 月 29 日）。

在上述国际公约中，除中国宣布予以保留的条款外，其余都是中国环境法体系的一个组成部分。

2. 主要法律法规简介

1）《中华人民共和国环境保护法》

新修订的《环保法》共 7 章 70 条，是一部基础性、综合性法律。该法因其创新范围广、变革力度大、措施严厉而被称为"史上最严《环保法》"，体现了党和国家对污染"零容忍"的态度。具体体现如下：

（1）基本理念做出重大调整。旧的提法是"环境保护工作同经济建设和社会发展相协调"（旧法第四条），新的提法是"经济社会发展与环境保护相协调"（新法第四条）并增加规定："环境保护坚持保护优先、预防为主、综合治理、公众参与、损害担责的原则"（第五条）。这些变化，说明环境保护已经从以往的适应经济发展、与经济发展相协调的从属地位，上升到国家战略层面，反过来要求经济社会发展要与环境保护相协调。

（2）突出强调政府监督责任和法律责任。确立了环境保护目标责任制和考核评价制度，进一步强化政府在平衡经济发展和环境保护中的重要作用。新修订的《环保法》立足于推进生态文明和美丽中国建设，在明确社会各方在治理环境和保护环境的义务和责任的基础上，突出强化了政府在环境保护领域中的责任。一是要求县级以上人民政府将环境保护目标完成情况纳入对有关部门及其负责人和下级人民政府及其负责人的考核内容，考核结果向社会公开（第二十六条）；二是采取有效措施改善环境质量（第二十八条）；三是加大保护和改善环境、防治污染和其他公害的财政投入，提高财政资金的使用效益（第八条）；四是加强环境保护宣传和普及工作，营造保护环境的良好风气（第九条）；五是采取措施，组织对生活废弃物的分类处置、回收利用（第三十七条）；六是推广清洁能源的生产和使用（第四十条）；七是做好突发环境事件的应急准备（第四十七条）；八是统筹城乡污染设施建设（第五十一条）。

（3）引入"按日计罚"制度，加大企业违法排污的处罚力度。新修订的《环保法》之所以被认为是"史上最严《环保法》"，主要原因是它吸收了世界各国环境保护的经验，规定了非常严厉的惩罚措施。在处罚力度上为史上之最，新确立了"行政拘留""按日计罚"等制度，令企业违法成本提高。有四种违法行为可移送公安机关实施行政拘留，一是建设项目未依法进行环境影响评价，被责令停止建设，拒不执行的；二是违反法律规定，未取得排污许可证排放污染物，被责令停止排污，拒不执行的；三是通过暗管、渗井、渗坑、灌注或者篡改、伪造监测数据，或者不正常运行防治污染设施等逃避监管的方式排放污染物的；四是生产、使用国家明令禁止生产、使用的农药，被责令改正，拒不改正的（第六十三条）。新的《环保法》还建立了"按日计罚，上不封顶"制度，规定：企业事业单位和其他生产经营者违法排放污染物，受到罚款处罚，被责令改正，拒不改正的，依法做出处罚决定的行政机关可以自责令更改之日的次日起，按照原处罚数额按日连续处罚（第五十九条）。这些规定体现了国家铁腕治理环境污染的坚定决心。

2）《中华人民共和国环境影响评价法》

新修订的《中华人民共和国环境影响评价法》共5章37条。

通过对修改内容进行了梳理，发现与旧版《中华人民共和国环境影响评价法》主要有以下对比：环评审批不再作为核准的前置条件；将环境影响登记表审批改为备案；环评未批先建取消限期补办手续；未批先建由县级以上环保部门处罚；未批先建罚款与项目总投资额挂钩。

3）《中华人民共和国环境保护税法》

《中华人民共和国环境保护税法》全文共 5 章 28 条。

《中华人民共和国环境保护税法》的总体思路是由"费"改"税"，即按照"税负平移"原则，实现排污费制度向环保税制度的平稳转移。法案将"保护和改善环境，减少污染物排放，推进生态文明建设"写入立法宗旨，明确"直接向环境排放应税污染物的企业事业单位和其他生产经营者"为纳税人，确定大气污染物、水污染物、固体废物和噪声为应税污染物。

4）《建设项目环境保护管理条例》

《建设项目环境保护管理条例》（2017 年修订）共 5 章 30 条。

新《建设项目环境保护管理条例》修改的主要内容如下：

一是删除有关行政审批事项。取消对环评单位的资质管理；将环评登记表由审批制改为备案制；将建设项目环保设施竣工验收由环保部门验收改为建设单位自主验收。

二是简化环评程序。删除建设项目投产前试生产、环评审批前必须经水利部门审查水土保持方案、行业预审等审批前置条件、环评审批文件作为投资项目审批、工商执照前置条件等规定。

三是细化环评审批要求。明确环保部门不予批准的五种情形，环保部门在环评审批中应当重点审查的内容，包括建设项目的环境可行性、环境影响分析预测评估的可靠性、环境保护措施的有效性、环境影响评价结论的科学性。同时，为保证审查的公正性和科学性，增设环保部门组织技术机构对环评文件进行技术评估，并规定不得收取建设单位、环评单位的任何费用的规定。

四是强化事中事后监管。进一步明确建设单位在设计、施工阶段的环保责任，规定建设单位在设计阶段要落实环保措施与环保投资，在施工阶段要保证环保设施建设进度与资金。新增建设项目竣工后环保设施验收的程序和要求，规定建设单位应当按照环境保护部规定的标准和程序验收环保设施，并向社会公开，不得弄虚作假，验收合格后方可投产使用。新增环保部门加强对建设项目环保措施落实情况进行监督检查的规定。

五是加大处罚力度。明确建设项目"未批先建"应依据《中华人民共和国环境影响评价法》予以处罚。新增对未落实环保对策措施、环保投资概算或未依法开展环境影响后评价的处罚，规定了 20 万元以上 100 万元以下的罚款。严厉打击对环保设施未建成、未经验收或经验收不合格投入生产使用、在验收中弄虚作假等违法行为的处罚，有违法行为的，处 20 万元以上 100 万元以下罚款；逾期不改的，加重罚款数额，提升至 100 万元以上 200 万元以下罚款，并将原来仅对建设单位"单罚"改为同时对建设单位和相关责任人"双罚"，还规定了责令限期改正、责令停产或关闭等法律责任。新增了对技术评估机构违法收费的处罚，处以退还违法所得以及违法所得1倍以上3倍以下罚款。新增了信用惩戒，规定环保部门应当将建设项目有关环境违法信息记入社会诚信档案。

六是强化信息公开和公众参与。针对环保部门，新增了环境保护部制定建设项目环境保护分类管理名录要组织论证、充分征求意见并公布。环保部门应当开展环境影响评价文件网上审批、备案和信息公开，环保部门及时向社会公开违法者名单等规定。针对建设单位，规定了建设单位应当依法向社会公开验收报告，未依法公开验收报告的，由环保部门责令公开，处5万元以上20万元以下的罚款，并予以公告。

二、规章制度体系

我国现行的环境保护规章制度体系一般由部门规章和部门发布的规范性文件组成，其中部门规章又分为国家环境保护部门规章和国务院有关部门规章。

政府部门规章是指国务院环境保护行政主管部门单独发布或与国务院有关部门联合发布的环境保护规范性文件，以及国务院各部门依法制定的环境保护规范性文件。政府部门行政规章是以环境保护法律和行政法规为依据而制定的，或者是针对某些尚未有相应法律和行政法规调整的领域做出的相应规定。

1. 国家环境保护部门规章

据统计，截至2016年6月30日，我现行有效的环保部门行政规章共计有85件，如《环境保护主管部门实施按日连续处罚办法》《环境保护主管部门实施查封、扣押办法》《环境保护主管部门实施限制生产、停产整治办法》《建设项目环境影响后评价管理办法（试行）》《国家危险废物名录》（2016年修订）、《农用地土壤环境管理办法（试行）》《产业结构调整指导目录（2011年本）》（2013年修正）等。

2. 国务院部门有关规章

国务院部门规章是指国务院有关部门，依法按照部门规章制定程序制定发布的行政规范性文件的总称。例如《行政主管部门移送适用行政拘留环境违法案件暂行办法》《粉煤灰综合利用管理办法》《机动车强制报废标准规定》《铅蓄电池行业准入条件》《铅蓄电池行业准入公告管理暂行办法》《清洁发展机制项目运行管理办法》（修订）等。

三、政策体系

政策体系是指国家政权机关、政党组织为了实现自己所代表的阶级、阶层的利益与意志，以权威形式标准化地规定在一定的历史时期内，应该达到的奋斗目标、遵循的行动原则、完成的明确任务、实行的工作方式、采取的一般步骤和具体措施，是一个大概的方针，指向。

1. 环境保护部门政策

表 2-4 列举了环境保护部发布的部分政策规范性文件。

表 2-4　部分环境保护部发布的有关政策规范性文件

文件号	名称
环大气〔2017〕121 号	关于印发《"十三五"挥发性有机物污染防治工作方案》的通知
环国际〔2017〕58 号	《关于推进绿色"一带一路"建设的指导意见》
环科技〔2017〕49 号	关于印发《国家环境保护标准"十三五"发展规划》的通知
环宣教〔2017〕35 号	《关于加强对环保社会组织引导发展和规范管理的指导意见》
环科技〔2017〕30 号	关于印发《国家环境保护"十三五"环境与健康工作规划》的通知
环环监〔2017〕17 号	关于印发《环境保护行政执法与刑事司法衔接工作办法》的通知
环水体〔2016〕189 号	《关于开展火电、造纸行业和京津冀试点城市高架源排污许可证管理工作的通知》
环水体〔2016〕186 号	关于印发《排污许可证管理暂行规定》的通知
环环评〔2016〕190 号	关于落实《水污染防治行动计划》实施区域差别化环境准入的指导意见
环水体〔2016〕179 号	关于印发《水污染防治行动计划实施情况考核规定（试行）》的通知
环科技〔2016〕160 号	关于印发《国家环境保护"十三五"科技发展规划纲要》的通知
环生态〔2016〕151 号	关于印发《全国生态保护"十三五"规划纲要》的通知
环环评〔2016〕150 号	《关于以改善环境质量为核心加强环境影响评价管理的通知》

续表

文件号	名称
环环评〔2016〕95 号	关于印发《"十三五"环境影响评价改革实施方案》的通知
环宣教〔2016〕38 号	关于印发《全国环境宣传教育工作纲要（2016—2020 年）》的通知
环大气〔2016〕45 号	《关于积极发挥环境保护作用促进供给侧结构性改革的指导意见》

2. 国务院有关部门政策

表 2-5 列举了部分国务院有关部门发布的政策规范性文件。

表 2-5　部分国务院有关部门政策规范性文件

文件号	名称
国办发〔2017〕70 号	国务院办公厅关于印发《禁止洋垃圾入境推进固体废物进口管理制度改革实施方案》的通知
国办发〔2016〕89 号	国务院办公厅关于印发《湿地保护修复制度方案》的通知
国办发〔2016〕81 号	国务院办公厅关于印发《控制污染物排放许可制实施方案》的通知
法〔2014〕352 号	最高人民法院、民政部、环境保护部《关于贯彻实施环境民事公益诉讼制度》的通知
国发〔2013〕37 号	关于印发《京津冀及周边地区重点工业企业清洁生产水平提升计划》的通知
2013 年第 33 号	《清洁生产评价指标体系编制通则》（试行稿）
发改环资〔2013〕930 号	《关于加强农作物秸秆综合利用和禁烧工作的通知》

四、关于办理环境污染刑事案件适用法律若干问题的解释

　　为依法惩治有关环境污染犯罪，根据《中华人民共和国刑法》（以下简称《刑法》）、《中华人民共和国刑事诉讼法》的有关规定，最高人民法院、最高人民检察院发布《关于办理环境污染刑事案件适用法律若干问题的解释》（法释〔2016〕29 号，以下简称《解释》），自 2017 年 1 月 1 日起施行。解释主要由 18 条构成。

　　这是 1997 年《刑法》施行以来最高司法机关就环境污染犯罪第三次出台专门司法解释，充分体现了最高司法机关对环境保护的高度重视，对于进一

步提升依法惩治环境污染犯罪的成效，加大环境司法保护力度，有效保护生态环境，推进美丽中国建设，必将发挥重要作用。

《刑法》第三百三十八条规定："违反国家规定，排放、倾倒或者处置有放射性的废物、含传染病病原体的废物、有毒物质或者其他有害物质，严重污染环境的，处三年以下有期徒刑或者拘役，并处或者单处罚金；后果特别严重的，处三年以上七年以下有期徒刑，并处罚金。"《解释》结合当前环境污染犯罪的特点和司法实践反映的问题，依照刑法、刑事诉讼法的规定，对相关犯罪定罪量刑标准的具体把握等问题做了全面、系统的规定。《解释》共十八个条文，大致可以归纳为污染环境罪的定罪量刑标准、其他环境污染犯罪的定罪量刑标准、环境污染犯罪惩治的宽严相济、环境污染共同犯罪的处理规则、环境污染犯罪竞合的处理原则、环境污染关联犯罪的法律适用、单位实施环境污染相关犯罪的定罪量刑标准、环境污染犯罪相关术语的界定、监测数据的证据资格、环境污染专门性问题的认定十个方面。

第一条　实施《刑法》第三百三十八条规定的行为，具有下列情形之一的，应当认定为"严重污染环境"：

（1）在饮用水水源一级保护区、自然保护区核心区排放、倾倒、处置有放射性的废物、含传染病病原体的废物、有毒物质的；

（2）非法排放、倾倒、处置危险废物三吨以上的；

（3）排放、倾倒、处置含铅、汞、镉、铬、砷、铊、锑的污染物，超过国家或者地方污染物排放标准三倍以上的；

（4）排放、倾倒、处置含镍、铜、锌、银、钒、锰、钴的污染物，超过国家或者地方污染物排放标准十倍以上的；

（5）通过暗管、渗井、渗坑、裂隙、溶洞、灌注等逃避监管的方式排放、倾倒、处置有放射性的废物、含传染病病原体的废物、有毒物质的；

（6）二年内曾因违反国家规定，排放、倾倒、处置有放射性的废物、含传染病病原体的废物、有毒物质受过两次以上行政处罚，又实施前列行为的；

（7）重点排污单位篡改、伪造自动监测数据或者干扰自动监测设施，排放化学需氧量、氨氮、二氧化硫、氮氧化物等污染物的；

（8）违法减少防治污染设施运行支出一百万元以上的；

（9）违法所得或者致使公私财产损失三十万元以上的；

（10）造成生态环境严重损害的；

（11）致使乡镇以上集中式饮用水水源取水中断十二小时以上的；

（12）致使基本农田、防护林地、特种用途林地五亩以上，其他农用地十亩以上，其他土地二十亩以上基本功能丧失或者遭受永久性破坏的；

（13）致使森林或者其他林木死亡五十立方米以上，或者幼树死亡二千五百株以上的；

（14）致使疏散、转移群众五千人以上的；

（15）致使三十人以上中毒的；

（16）致使三人以上轻伤、轻度残疾或者器官组织损伤导致一般功能障碍的；

（17）致使一人以上重伤、中度残疾或者器官组织损伤导致严重功能障碍的；

（18）其他严重污染环境的情形。

第三条　实施《刑法》第三百三十八条、第三百三十九条规定的行为，具有下列情形之一的，应当认定为"后果特别严重"：

（1）致使县级以上城区集中式饮用水水源取水中断十二小时以上的；

（2）非法排放、倾倒、处置危险废物一百吨以上的；

（3）致使基本农田、防护林地、特种用途林地十五亩以上，其他农用地三十亩以上，其他土地六十亩以上基本功能丧失或者遭受永久性破坏的；

（4）致使森林或者其他林木死亡一百五十立方米以上，或者幼树死亡七千五百株以上的；

（5）致使公私财产损失一百万元以上的；

（6）造成生态环境特别严重损害的；

（7）致使疏散、转移群众一万五千人以上的；

（8）致使一百人以上中毒的；

（9）致使十人以上轻伤、轻度残疾或者器官组织损伤导致一般功能障碍的；

（10）致使三人以上重伤、中度残疾或者器官组织损伤导致严重功能障碍的；

（11）致使一人以上重伤、中度残疾或者器官组织损伤导致严重功能障碍，并致使五人以上轻伤、轻度残疾或者器官组织损伤导致一般功能障碍的；

（12）致使一人以上死亡或者重度残疾的；

（13）其他后果特别严重的情形。

第四条　实施《刑法》第三百三十八条、第三百三十九条规定的犯罪行为，具有下列情形之一的，应当从重处罚：

（1）阻挠环境监督检查或者突发环境事件调查，尚不构成妨害公务等犯罪的；

（2）在医院、学校、居民区等人口集中地区及其附近，违反国家规定排放、倾倒、处置有放射性的废物、含传染病病原体的废物、有毒物质或者其他有害物质的；

（3）在重污染天气预警期间、突发环境事件处置期间或者被责令限期整改期间，违反国家规定排放、倾倒、处置有放射性的废物、含传染病病原体的废物、有毒物质或者其他有害物质的；

（4）具有危险废物经营许可证的企业违反国家规定排放、倾倒、处置有放射性的废物、含传染病病原体的废物、有毒物质或者其他有害物质的。

第三节　集团公司有关环境保护制度规定

为了做好集团公司所属各类项目的环境保护工作，集团公司和中国石油天然气股份有限公司（以下简称股份公司）先后颁布了多项环保制度及规定，有关主要规章制度见表2-6。

表2-6　集团公司和股份公司主要环保规章制度

序号	名称
1	《中国石油天然气集团公司环境保护管理规定》
2	《中国石油天然气股份有限公司环境保护管理办法（试行）》
3	《中国石油天然气集团公司建设项目环境保护管理规定》
4	《中国石油天然气股份有限公司建设项目环境保护管理暂行规定》
5	《中国石油天然气集团公司关于加快推进清洁生产的实施意见》
6	《中国石油天然气集团公司赴外工程技术服务队伍安全环境健康管理规定》
7	《中国石油天然气集团公司环境保护违纪违规行为处分规定（试行）》
8	《中国石油天然气集团公司环境监测管理规定》

《中国石油天然气集团公司环境保护管理规定》共包含了总则、管理机构和职责、目标责任管理、环境影响评价、污染防治、生态保护、放射性污染防治、清洁生产、环境应急、环境信息管理、科研与培训、奖励与处罚、附则十三部分内容，是集团公司各类项目环境保护的基本规定。

《中国石油天然气股份有限公司环境保护管理办法（试行）》共包含了总则、机构和职责、建设项目环境保护管理、污染控制和自然保护、环境事件的应激反应、对合同方的管理、奖励与处罚、附则八部分，是股份公司各类项目环境保护的基本规定。

《中国石油天然气集团公司建设项目环境保护管理规定》共包含了总则、环境影响评价、设计和施工期环境管理、环境保护验收、处罚和附则等六部分，是集团公司开展建设项目环境保护的管理规定。

第三章　油气管道建设项目环境保护管理

第一节　油气管道建设项目工程前期阶段环境保护管理

建设项目从筹建到竣工投产全过程可以分为项目建议书、可行性研究、设计、建设、投产试运行五个阶段，其中项目建议书、可行性研究、设计阶段为工程前期。为了预防油气管道建设项目实施后可能造成的不良环境影响，在工程前期阶段需要通过环境影响评价的方式，对环境影响进行分析、预测和评估，并提出有效预防或者减缓不良环境影响的对策和措施，确保经济、社会和环境能够协调发展。

一、相关定义

1. 环境影响评价的定义

《中华人民共和国环境影响评价法》第二条规定的环境影响评价定义是：本法所称环境影响评价，是指对规划和建设项目实施后可能造成的环境影响进行分析、预测和评估，提出预防或者减轻不良环境影响的对策和措施，进行跟踪监测的方法与制度。

《中华人民共和国环境保护法》和其他相关法律还规定："建设项目防治污染的设施，必须与主体工程同时设计、同时施工、同时投产使用。防治污染的设施必须经原审批环境影响报告书的环境保护行政主管部门验收合格后，该建设项目方可投入生产或者使用。""三同时"制度和建设项目竣工环境保护验收是对环境影响评价中提出的预防和减轻不良环境影响对策和措施的具体落实和检查，是环境影响评价的延续。从广义上来讲，也属于环境影响评价的范畴。

2. 建设项目环境影响评价的分类管理

建设项目对环境的影响千差万别，不仅不同的行业、不同的产品、不同的规模、不同的工艺、不同的原材料产生的污染物种类和数量不同，对环境的影响不同，而且即使是相同的企业处于不同的地点、不同的区域，对环境的影响也不一样。《中华人民共和国环境影响评价法》第十六条和《建设项目环境保护管理条例》第七条中具体规定了国家对建设项目的环境保护实行分类管理。

《中华人民共和国环境影响评价法》第十六条规定：

国家根据建设项目对环境的影响程度，对建设项目的环境影响评价实行分类管理。建设单位应当按照下列规定组织编制环境影响报告书、环境影响报告表或者填报环境影响登记表（以下统称环境影响评价文件）。

（1）可能造成重大环境影响的，应当编制环境影响报告书，对产生的环境影响进行全面评价；

（2）可能造成轻度环境影响的，应当编制环境影响报告表，对产生的环境影响进行分析或者专项评价；

（3）对环境影响很小，不需要进行环境影响评价的，应当填报环境影响登记表。

《建设项目环境保护管理条例》对分类管理也有相同的规定，但提法是环境保护分类管理。《建设项目环境保护管理条例》第七条规定。

国家根据建设项目对环境的影响程度，按照下列规定对建设项目的环境保护实行分类管理：

（1）建设项目对环境可能造成重大影响的，应当编制环境影响报告书，对建设项目产生的污染和对环境的影响进行全面、详细的评价；

（2）建设项目对环境可能造成轻度影响的，应当编制环境影响报告表，对建设项目产生的污染和对环境的影响进行分析或者专项评价；

（3）建设项目对环境影响很小，不需要进行环境影响评价的，应当填报环境影响登记表。

分类管理体现了环境保护工作既要促进经济发展，又要保护好环境的"双赢"理念。对环境影响大的建设项目从严把关管理，坚决防治对环境的污染和生态的破坏；对环境影响小的建设项目适当简化评价内容和审批程序，促进经济的快速发展。

3. 环境敏感区的定义

《建设项目环境影响评价分类管理名录》中第三条明确环境敏感区是指依法设立的各级各类自然、文化保护地，以及对建设项目的某类污染因子或者生态影响因子特别敏感的区域，主要包括：

（1）自然保护区、风景名胜区、世界文化和自然遗产地、饮用水源保护区；

（2）基本农田保护区、基本草原、森林公园、地质公园、重要湿地、天然林、珍稀濒危野生动植物天然集中分布区、重要水生生物的自然产卵场、索饵场、越冬场和洄游通道，天然渔场、资源性缺水地区、水土流失重点防治区、沙化土地封禁保护区、封闭及半封闭海域、富营养化水域；

（3）以居住、医疗卫生、文化教育、科研、行政办公等为主要功能的区域，文物保护单位，具有特殊历史、文化、科学、民族意义的保护地。

环境敏感区一般是对人类具有特殊价值或者具有潜在自然灾害的地区，对环境敏感区的过度开发可能会导致负面的环境效益，应予以保护。

根据2015年1月1日开始施行的新《环保法》，在环境敏感区的概念上，首次以法律条款的形式明确提出了"生态红线"的概念，《环保法》第二十九条规定："国家在重点生态功能区、生态环境敏感区和脆弱区等区域划定生态保护红线，实行严格保护。"

生态红线是生态功能重要区域和生态环境敏感脆弱区域的空间叠加（《关于划定并严守生态保护红线的若干意见》）。环保部于2015年还专门发布了《生态保护红线划定技术指南》，帮助各级政府划定生态红线的范围。随着生态红线的范围逐渐扩大，涵盖了自然生态、野生动植物、重要水源、具有重大科学文化价值的地质构造等自然遗迹和人文遗迹，这不仅加大了油气田开发建设工程选线选址的难度，而且已经建设的分散井、站场、油田管网等设施，也有可能被划入生态红线内，从"合规"变成存在较大的法律风险。

二、油气管道建设项目环境影响评价管理

1.油气管道建设项目环评的责任主体和开展阶段

根据《建设项目环境保护管理条例》，依法应当编制环境影响报告书、环境影响报告表的建设项目，建设单位应当委托具有相关资质的机构编制环境影响报告书（表），并在开工建设前将环境影响报告书（表）报有审批权的环境保护行政主管部门审批；建设项目的环境影响评价文件未依法经审批部门审查或者审查后未予批准的，建设单位不得开工建设。

2.建设项目环境影响评价委托管理

建设单位应该在编制项目可行性研究报告的同时委托有资质的单位开展

项目环评。

3. 建设项目环境影响评价文件的编制

建设单位应组织可行性研究报告编制单位编制完成可行性研究报告，并在第一时间提供给环评单位，组织环评单位开展环境影响评价。

环境影响评价文件的基本内容如下：

（1）环境影响报告书的内容。

建设项目环境影响评价文件分为环境影响报告书、环境影响报告表和环境影响登记表。根据建设项目环境保护分类管理要求，不以投资主体、资金来源、项目性质和投资规模，而以建设项目对环境可能造成影响的程度来划分。为保证环境影响评价的工作质量，督促建设单位认真履行环境影响评价义务，规范环境影响评价文件的编制，《中华人民共和国环境影响评价法》第十七条和《建设项目环境保护管理条例》第八条对建设项目环境影响报告书的内容以及环境影响报告表、环境影响登记表的内容和格式做出了规定。

《中华人民共和国环境影响评价法》第十七条和《建设项目环境保护管理条例》第八条规定，建设项目的环境影响报告书应当包括下列内容：

① 建设项目概况；

② 建设项目周围环境概况；

③ 建设项目对环境可能造成影响的分析和预测；

④ 环境保护措施及其经济、技术论证；

⑤ 环境影响经济损益分析；

⑥ 对建设项目实施环境监测的建议；

⑦ 环境影响评价结论。

建设项目环境影响报告表、环境影响登记表的内容和格式，由国务院环境保护行政主管部门规定。

除上述评价内容外，根据形势的发展，鉴于建设项目风险事故对环境会造成危害，对存在风险事故的建设项目，特别是在原料、生产、产品、储存、运输中涉及危险化学品的建设项目，在环境影响报告书的编制中，还须有环境风险评价的内容。

（2）环境影响报告表的内容和填报要求。

《建设项目环境影响报告表（试行）》要求附环境影响评价资质证书及评价人员情况，即建设项目环境影响报告表必须由具有环境影响评价资质的单位填写。填报内容包括建设项目的基本情况、建设项目所在地自然环境和社会环境简况、环境质量状况、评价适用标准、建设项目工程分析及项目主

44

要污染物产生及预计排放情况、环境影响分析、建设项目拟采取的防治措施及预期治理效果、结论与建议。特别要注意，环境影响报告表如不能说明项目产生的污染及其对环境造成的影响，应进行专项评价。根据建设项目的特点和当地环境特征，可进行 1~2 项专项评价，专项评价按环境影响评价技术导则中的要求进行。环境影响报告表同时应有必要的附件和附图。

4. 建设项目环境影响评价文件的审批

1）环境影响评价文件的报批与审批时限

（1）环境影响评价文件的报批时限。

《建设项目环境保护管理条例》第九条规定："依法应当编制环境影响报告书、环境影响报告表的建设项目，建设单位应当在开工建设前将环境影响报告书、环境影响报告表报有审批权的环境保护行政主管部门审批。"

当前，在投资体制改革新形势下，建设项目分为核准和备案两大类。2016 年 11 月 30 日，国务院以国务院令第 673 号发布《企业投资项目核准和备案管理条例》，该条例于 2017 年 2 月 1 日施行。该条例进一步深化了投资体制改革，将企业投资项目分为核准管理和备案管理两类。对关系国家安全、涉及全国重大生产力布局、战略性资源开发和重大公共利益等项目，实行核准管理。对前款规定以外的项目，实行备案管理。

2016 年 9 月 1 日施行的修改后的《中华人民共和国环境影响评价法》和 2017 年 10 月 1 日施行的修改后的《建设项目环境保护管理条例》取消了环评审批的前置要求，提出在开工建设前环评需要依法经审批部门审查批准。上述法律文件规定：建设项目的环境影响评价文件未依法经审批部门审查或者审查后未予批准的，建设单位不得开工建设。

（2）环境影响评价文件的审批程序和时限。

《中华人民共和国环境影响评价法》第二十二条规定："建设项目的环境影响报告书、报告表，由建设单位按照国务院的规定报有审批权的环境保护行政主管部门审批；审批部门应当自收到环境影响报告书之日起 60 日内，收到环境影响报告表之日起 30 日内，分别做出审批决定并书面通知建设单位；国家对环境影响登记表实行备案管理。"

修改后的《中华人民共和国环境影响评价法》和《建设项目环境保护管理条例》针对不同的环境影响评价文件，其审批的时限要求不同，环境影响报告书是 60 日内，环境影响报告表是 30 日内。不仅要做出审批决定，而且要书面通知建设单位。对环境保护行政主管部门环境影响评价文件审批时限做出规定，能有效地履行政府职责，加快审批时间，提高工作效率。

此外，新修改的《中华人民共和国环境影响评价法》将原属于审批范围的环境影响登记表改为备案管理，进一步简化了对环境影响很小、不需要进行环境影响评价的建设项目的环境影响评价管理。为此，环境保护部以部令第 41 号颁布了《建设项目环境影响登记表备案管理办法》，自 2017 年 1 月 1 日起施行环境影响登记表的备案管理。

2）环境影响评价文件的重新报批和重新审核

《中华人民共和国环境影响评价法》第二十四条规定：

建设项目的环境影响评价文件经批准后，建设项目的性质、规模、地点、采用的生产工艺或者防治污染、防止生态破坏的措施发生重大变动的，建设单位应当重新报批建设项目的环境影响评价文件。

建设项目的环境影响评价文件自批准之日起超过五年，方决定该项目开工建设的，其环境影响评价文件应当报原审批部门重新审核；原审批部门应当自收到建设项目环境影响评价文件之日起十日内，将审核意见书面通知建设单位。

《建设项目环境保护管理条例》第十二条也有相同规定，并对重新审核环境影响评价文件的，明确"逾期未通知的，视为审核同意"。

5. 建设项目开工

《中华人民共和国环境影响评价法》第二十五条规定："建设项目的环境影响评价文件未依法经审批部门审查或者审查后未予批准的，建设单位不得开工建设。"

三、油气管道与环境敏感区相关关系管理

不同环境敏感区内建设项目的相关管理要求如下。

1. 自然保护区

对于环境敏感区的各种保护类型的法律解读，最主要的一项就是自然保护区的保护要求。自然保护区，是指"对有代表性的自然生态系统、珍稀濒危野生动植物物种的天然集中分布区、有特殊意义的自然遗迹等保护对象所在的陆地、陆地水体或者海域，依法划出一定面积予以特殊保护和管理的区域"（《自然保护区管理条例》第二条）。

自然保护区内又可以分为核心区、缓冲区和实验区。核心区内禁止任何单位和个人进入；核心区外围一般划定了一定面积的缓冲区，缓冲区内只准进入从事科学研究观测活动；缓冲区外围被划为实验区，可以进入从事科学试验、教学实习、参观考察、旅游以及驯化、繁殖珍稀、濒危野生动植物等活动。对于有些自然保护区，保护区的外围还划有保护地带。

对于建设项目，《自然保护区管理条例》第三十二条规定："在自然保护区的核心区和缓冲区内，不得建设任何生产设施。在自然保护区的实验区内，不得建设污染环境、破坏资源或者景观的生产设施；建设其他项目，其污染物排放不得超过国家和地方规定的污染物排放标准。在自然保护区的实验区内已经建成的设施，其污染物排放超过国家和地方规定的排放标准的，应当限期治理；造成损害的，必须采取补救措施。在自然保护区的外围保护地带建设的项目，不得损害自然保护区内的环境质量；已造成损害的，应当限期治理。限期治理决定由法律、法规规定的机关做出，被限期治理的企业事业单位必须按期完成治理任务。"

对于油气管道这种具有一定环境风险的项目，《自然保护区管理条例》第三十三条还规定："因发生事故或者其他突然性事件，造成或者可能造成自然保护区污染或者破坏的单位和个人，必须立即采取措施处理，及时通报可能受到危害的单位和居民，并向自然保护区管理机构、当地环境保护行政主管部门和自然保护区行政主管部门报告，接受调查处理。"

在《"十三五"生态环境保护规划》中还要求："严禁在自然保护区从事采矿、采石、采砂、烧窑、冶炼、拌洒毒药等破坏景观、污染环境的活动，禁止非法开垦、围填海等改变保护区自然属性的开发活动；禁止捕捞以及乱砍滥伐森林、乱捕滥猎野生动物和乱采滥挖药材等掠夺性的自然资源开发活动。自然保护区内不得违法违规开展建设项目。在自然保护区核心区和缓冲区内，不得建设任何生产设施。在自然保护区的实验区内，不得建设污染环境、破坏资源或者景观的生产设施。涉及自然保护区的建设项目和资源开发活动应严格按照《中华人民共和国自然保护区条例》《中华人民共和国环境影响评价法》等法律法规和有关规定进行管理。"

2013年，环境保护部、国家发展改革委、财政部等部委印发《关于加强国家重点生态功能区环境保护和管理的意见》中提到，"对于未按重点生态功能区环境保护和管理要求执行的地区和建设单位，上级有关部门要暂停审批新建项目可行性研究报告或规划，适当扣减国家重点生态功能区转移支付等资金，环境保护部门暂停评审或审批其规划或新建项目环境影响评价文件。对生态环境造成严重后果的，除责令其修复和损害赔偿外，将依法追究相关责任人的责任。"可以看出，国家对于环境保护实行责任追究制度，且在不断增加惩罚力度。

2015年环保部联合十大部委印发了《关于进一步加强涉及自然保护区开发建设活动监督管理的通知》（以下简称《通知》），《通知》再一次明确了自然保护区内核心区、缓冲区禁止开展任何建设活动，实验区禁止建设污染环境、破坏自然资源或自然景观的生产设施。该《通知》还要求地方各有关部门要依据相关法规，对检查发现的违法开发建设活动进行专项整治。对核心区、缓冲区内不合规的项目要立即予以关停或关闭，限期拆除，并实施生态恢复。对于实验区内未批先建、批建不符的项目，要责令停止建设或使用，并恢复原状。对违法排放污染物和影响生态环境的项目，要责令限期整改；整改后仍不达标的，要坚决依法关停或关闭。

对于新建项目，《通知》还规定："建设项目选址（线）应尽可能避让自然保护区，确因重大基础设施建设和自然条件等因素限制无法避让的，要严格执行环境影响评价等制度，涉及国家级自然保护区的，建设前须征得省级以上自然保护区主管部门同意，并接受监督。对经批准同意在自然保护区内开展的建设项目，要加强对项目施工期和运营期的监督管理，确保各项生态保护措施落实到位。"同时《通知》要求"地方各有关部门要认真执行《国家级自然保护区调整管理规定》，从严控制自然保护区调整。"可以看出，未来对于新建项目，选址和选线的环境影响论证将非常严格，对于避让有困难的项目，指望通过保护区调整边界或者降级来为工程"让道"是行不通的。

2. 饮用水源保护区

国家和地方对水污染防治以及水环境敏感区保护等方面的要求也比较严格。如《中华人民共和国水污染防治法》规定："一级保护区内不得有与取水设施和保护水源无关的建设项目及其他禁止行为；二级保护区禁止新建、改建和扩建排放污染物的建设项目；已建成排放污染物的建设项目，由县级以上人民政府责令拆除或关闭；禁止在饮用水水源准保护区内新建、扩建对水体污染严重的建设项目；改建建设项目，不得增加排污量。"又如《水污染防治行动计划》中明确要求了"七大重点流域干流沿岸，要严格控制石油加工、化学原料和化学制品制造、医药制造、化学纤维制造、有色金属冶炼、纺织印染等项目环境风险，合理布局生产装置及危险化学品仓储等设施"。

根据《饮用水水源保护区污染防治管理规定》，一级保护区内禁止新建、扩建与供水设施和保护水源无关的建设项目；禁止向水域排放污水，已设置的排污口必须拆除；不得设置与供水需要无关的码头，禁止停靠船舶；禁止堆置和存放工业废渣、城市垃圾、粪便和其他废弃物；禁止设置油库……二级保护区内禁止新建、改建、扩建排放污染物的建设项目；原有排污口依法拆除或者关闭；禁止设立装卸垃圾、粪便、油类和有毒物品的码头。准保护区内禁止新建、扩建对水体污染严重的建设项目；改建建设项目，不得增加排污量。

同时，饮用水地下水源各级保护区及准保护区内还禁止利用渗坑、渗井、裂隙、溶洞等排放污水和其他有害废弃物。禁止利用透水层孔隙、裂隙、溶洞及废弃矿坑储存石油、天然气、放射性物质、有毒有害化工原料、农药等。

饮用水地下水源各级保护区还应遵守如下规定：

一级保护区内禁止建设与取水设施无关的建筑物；禁止倾倒、堆放工业废渣及城市垃圾、粪便和其他有害废弃物；禁止输送污水的渠道、管道及输油管道通过本区；禁止建设油库。

二级保护区内，（一）对于潜水含水层地下水水源地，禁止建设化工、电镀、皮革、造纸、制浆、冶炼、放射性、印染、染料、炼焦、炼油及其他有严重污染的企业，已建成的要限期治理，转产或搬迁；禁止设置城市垃圾、粪便和易溶、有毒有害废弃物堆放场和转运站，已有的上述场站要限期搬迁；禁止利用未经净化的污水灌溉农田，已有的污灌农田要限期改用清水灌溉；化工原料、矿物油类及有毒有害矿产品的堆放场所必须有防雨、防渗措施。（二）对于承压含水层地下水水源地，禁止承压水和潜水的混合开采，做好潜水的止水措施。

准保护区内禁止建设城市垃圾、粪便和易溶、有毒有害废弃物的堆放场站，因特殊需要设立转运站的，必须经有关部门批准，并采取防渗漏措施。

对于突发性事故可能造成水源污染的后续处理，《饮用水水源保护区污染防治管理规定》第二十三条规定："因突发性事故造成或可能造成饮用水水源污染时，事故责任者应立即采取措施消除污染并报告当地城市供水、卫生防疫、环境保护、水利、地质矿产等部门和本单位主管部门。由环境保护部门根据当地人民政府的要求组织有关部门调查处理，必要时经当地人民政府批准后采取强制性措施以减轻损失。"

对于油气管道工程建设施工过程中可能涉及的分散式饮用水水源地，《分散式饮用水水源地环境保护指南》规定："禁止在水源保护范围内新建、改建、扩建排放污染物的建设项目，已建成排放污染物的建设项目，应依法予以拆除或关闭。饮用水水源受到污染可能威胁供水安全的，应当责令有关企业事业单位采取停止或者减少排放水污染物等措施。在水源保护范围周边的工业企业进行统筹安排，工业企业发展要与新农村建设相结合，合理布局，应限制发展高污染工业企业。危险化学品的生产装置和储存数量构成重大危险源的储存设施，与水源的距离应符合环境影响评价要求或国家有关规定……"

根据《关于进一步加强分散式饮用水水源地环境保护工作的通知》相关规定："加强污染防治，稳步改善分散式饮用水水源水质状况……禁止有毒有害物质进入水源水体。严厉打击威胁水源水质安全的违法行为，发现一起查处一起，公开曝光查处结果。"同时，《集中式饮用水水源环境保护指南（试行）》也对饮用水水源周边工业企业环境风险防控方面做出了相关规定："对工业生产和矿业开发严格执行环保'三同时'制度，定期排查生产工艺和治污设施，识别风险，完善防控方案，采取相应防范措施，防止生产过程的污染物直接渗入到地下。应加强检查各种有毒有害物质储罐、油罐、地下油库及其输送管道，及时修补腐蚀穿孔，避免长期渗漏，做好危险化学品运输过程中的密封和防渗工作。应加强尾矿库清理整顿，严格尾矿库持证运行情况监管。应严格按照安全生产制度进行生产，降低偶然性事件发生概率，制定相关应急方案，完善相关应急补救措施，将对地下水的危害降到最低。"

集中式饮用水水源的防治制度相关规定在污染源整治方面还做了严格的规定，如"一级保护区内，坚决关闭和取缔工业污染源，拆除所有违法建设项目；关闭和取缔勘探、开采矿产资源、堆放工业固体废弃物及其他有毒有害物品。二级保护区内，关闭和取缔排放污染物的工业污染源，对于在水源保护区或其周围已经存在的工业污染源，由地方政府制定计划，分期予以拆除或者关闭。"

由于油气管道往往具备线路长、选址选线困难、沿线环境敏感点众多等特点，因此油气管道工程在通过水源保护区的地段应尽量采取路由避让、优化穿越方式等措施避免或者减少对水源保护区的影响。

3. 生态红线

我国划定生态红线的实践发端于浙江安吉，2011年10月发布的《国务院关于加强环境保护重点工作的意见》，首次在政府文件中正式提出划定生态保护红线。2013年，《中共中央关于全面深化改革若干重大问题的决定》中明确提出"划定生态保护红线"，这一提法第一次在党中央文件中正式出现。随后，在新修订的《环保法》中，首次以法律条款的形式明确提出了"生态红线"的概念，该法第二十九条规定："国家在重点生态功能区、生态环境敏感区和脆弱区等区域划定生态保护红线，实行严格保护。"随后，国家又出台了很多配套管理制度和规定，如环保部出台的《关于加强国家重点生态功能区环境保护和管理的意见》要求："全面划定生态红线。根据《国务院关于加强环境保护重点工作的意见》和《国家环境保护'十二五'规划》要求，环境保护部要会同有关部门出台生态红线划定技术规范，在国家重要（重点）生态功能区、陆地和海洋生态环境敏感区、脆弱区等区域划定生态红线，并会同国家发展改革委、财政部等制定生态红线管制要求和环境经济政策。地方各级政府要根据国家划定的生态红线，依照各自职责和相关管制要求严格监管，对生态红线管制区内易对生态环境产生破坏或污染的企业尽快实施关闭、搬迁等措施，并对受损企业提供合理的补偿或转移安置费用。"

另外，国家发展改革委等九部委联合印发的《关于加强资源环境生态红线管控的指导意见》要求："划定生态保护红线。根据涵养水源、保持水土、防风固沙、调蓄洪水、保护生物多样性，以及保持自然本底、保障生态系统完整和稳定性等要求，兼顾经济社会发展需要，划定并严守生态保护红线。依法在重点生态功能区、生态环境敏感区和脆弱区等区域划定生态保护红线，实行严格保护，确保生态功能不降低、面积不减少、性质不改变；科学划定森林、草原、湿地、海洋等领域生态红线，严格自然生态空间征（占）用管理，有效遏制生态系统退化的趋势。"

2017 年 2 月 7 日，中共中央办公厅、国务院办公厅印发了《关于划定并严守生态保护红线的若干意见》（以下简称《意见》），《意见》中明确指出："2017 年年底前，京津冀区域、长江经济带沿线各省（直辖市）划定生态保护红线；2018 年年底前，其他省（自治区、直辖市）划定生态保护红线；2020 年年底前，全面完成全国生态保护红线划定，勘界定标，基本建立生态保护红线制度，国土生态空间得到优化和有效保护，生态功能保持稳定，国家生态安全格局更加完善。到 2030 年，生态保护红线布局进一步优化，生态保护红线制度有效实施，生态功能显著提升，国家生态安全得到全面保障。"同时，《意见》中明确生态红线区域要实行严格管控，明确提出"生态保护红线原则上按禁止开发区域的要求进行管理。严禁不符合主体功能定位的各类开发活动，严禁任意改变用途。生态保护红线划定后，只能增加、不能减少，因国家重大基础设施、重大民生保障项目建设等需要调整的，由省级政府组织论证，提出调整方案，经环境保护部、国家发展改革委会同有关部门提出审核意见后，报国务院批准。因国家重大战略资源勘查需要，在不影响主体功能定位的前提下，经依法批准后予以安排勘查项目。"

4. 森林公园

《国家级森林公园管理办法》第十三条规定："国家级森林公园内的建设项目应当符合总体规划的要求，其选址、规模、风格和色彩等应当与周边景观与环境相协调，相应的废水、废物处理和防火设施应当同时设计、同时施工、同时使用。国家级森林公园内已建或者在建的建设项目不符合总体规划要求的，应当按照总体规划逐步进行改造、拆除或者迁出。在国家级森林公园内进行建设活动的，应当采取措施保护景观和环境；施工结束后，应当及时整理场地，美化绿化环境。"

《国家级森林公园管理办法》第十五条规定："严格控制建设项目使用国家级森林公园林地，但是因保护森林及其他风景资源、建设森林防火设施和林业生态文化示范基地、保障游客安全等直接为林业生产服务的工程设施除外。建设项目确需使用国家级森林公园林地的，应当避免或者减少对森林景观、生态以及旅游活动的影响，并依法办理林地占用、征收审核审批手续。

建设项目可能对森林公园景观和生态造成较大影响或者导致森林风景资源质量明显降低的，应当在取得国家级森林公园撤销或者改变经营范围的行政许可后，依法办理林地占用、征收审核审批手续。"

《森林公园管理办法》第十一条规定："禁止在森林公园毁林开垦和毁林采石、采砂、采土以及其他毁林行为。采伐森林公园的林木，必须遵守有关林业法规、经营方案和技术规程的规定。"第十二条规定："占用、征用或者转让森林公园经营范围内的林地，必须征得森林公园经营管理机构同意，并按《中华人民共和国森林法》及其实施细则等有关规定，办理占用、征用或者转让手续，按法定审批权限报人民政府批准，交纳有关费用。"

5. 风景名胜区

《风景名胜区条例》中第二十六条规定："在风景名胜区内禁止进行下列活动：（一）开山、采石、开矿、开荒、修坟立碑等破坏景观、植被和地形地貌的活动；（二）修建储存爆炸性、易燃性、放射性、毒害性、腐蚀性物品的设施……"

6. 重要湿地

《国家湿地公园管理办法（试行）》第十八条规定："除国家另有规定外，国家湿地公园内禁止下列行为：（一）开（围）垦湿地、开矿、采石、取土、修坟以及生产性放牧等"

第二节　油气管道建设项目施工阶段环境保护管理

油气管道施工过程不可避免地会对环境产生一定的影响，为了尽可能减少工程建设带来的负面环境影响，建设单位应落实建设项目环境保护的主体责任，严格按照环评和批复文件的要求执行各项环境保护措施。

一、油气管道建设项目施工期环境保护

油气管道建设项目产生的环境影响主要发生在施工期，包括污染影响和生态影响。生态破坏是施工期的主要环境影响，包括施工作业带的清理、管沟开挖、运输道路修建、施工场地及施工营地灯永久占地和临时占地，特别是涉及敏感保护目标段的线路走向问题及施工方式。另外，还有施工扬尘、车辆尾气及施工废水、施工垃圾等对环境产生的影响。

1. 生态环境

1）环境影响

管道工程对生态的影响主要集中在施工期，包括施工作业带清理、管沟开挖对地表植被的破坏，地表结构破坏导致的水土流失，占地对生产和土壤肥力的影响；河流开挖对河流水体的影响，进而影响水生生物，如弃土不当还会堵塞河道；隧道施工对地下水及隧道上部植被的影响，弃土（渣）对环境的影响；尤其应关注对环境敏感区（自然保护区、风景名胜区、饮用水源保护区、生态功能保护区等）的影响及对项目沿线受保护动植物的影响。

2）减缓措施

选择环境合理的路由方案，避让环境敏感区；优化施工方案，减缓环境影响，如穿越环境敏感水体，应采用不涉水的定向钻或者隧道方式；开挖沟埋方式敷设应注意减小施工扰动面积（包括施工带宽度、施工营地面积、施工道路长度和宽度），最大限度减少对土壤和植被的扰动；开挖土应采取分层开挖、分层堆放、分层回填措施，有利于植被的恢复；大开挖穿越河流，应选择在枯水期，妥善清理弃渣，及时恢复河道原貌；对定向钻施工产生的废弃泥浆应设沉淀回收设施；对隧道产生的弃渣应设规范的弃渣场。

2. 环境空气

1）环境影响

管沟开挖导致表层土裸露，产生扬尘；施工机械作业和车辆运输过程中会产生粉尘；管道焊接也会产生少量焊接烟尘等。

2）防治措施

合理安排施工工序，缩短施工时间；施工车辆指定路线行驶；对堆土场进行遮挡、定期洒水等。

3. 水环境

环境影响及防治措施：大开挖穿越河流会影响水质，应尽量选择在枯水期施工，并做好导流明渠；施工人员生活污水和含油施工废水应达标处理后外排；如穿越环境敏感水体，应采用不涉水的施工方式等。

4. 固体废物

1）环境影响

管沟开挖、穿跨越工程、焊接、防腐等过程中产生弃土弃渣、废弃泥浆、施工废料，以及施工人员产生的生活垃圾，会对环境产生一定的影响。

2）防治措施

选择合适的取弃土场，并在施工活动结束后对取弃土场进行平整和植被恢复；施工废料尽量做到回收利用，剩余部分废料依托当地职能部门有偿清运；废弃泥浆应集中收集在泥浆坑中，施工结束后经当地环保部门统一固化处理后就地埋入防渗的泥浆池中，并覆土恢复原有地貌；施工人员生活垃圾应集中收集拉运处理。

5. 声环境

环境影响及防治措施：施工过程中的噪声主要来自施工机械、设备和运输车辆，施工期间应采取尽量远离敏感目标，缩短施工时间，避免或者减少夜间施工，提前做好与当地政府和居民沟通等措施，减少噪声对于周边环境造成的影响。

二、油气管道建设项目施工期环境监理

1. 环境监理制度的发展现状

我国环境监理工作于 20 世纪 80 年代兴起。随着时代的发展，目前来说，我国对于建设项目的环境管理实施的是"三同时"及环境影响评价两项制度，具体来说就是建设项目动工之前进行环保审批，以及项目竣工之后进行环境保护验收。

所谓环境监理，指的是业主委托监理单位依照现场法律和合同内容，在施工过程中按照相应的监理方式对环境保护工作进行管理，从而实现建设项目过程中的环境保护工作，避免生态破坏。具体来说其内容包括以下几个方面：针对施工项目的实际情况，与业主共同参与，确保环境管理工作的落实；进行环境保护宣传工作，提高环保意识；对施工单位进行监督，确保其能采取有效措施保护环境，将影响环境的不利因素降到最低；保障施工单位的合法权益；记录完整的监理资料，保证竣工中环保工作的验收。

目前我国工程环境监理工作尚处于试点阶段。早在 2002 年，我国环境保护部门同交通部、铁道部以及水利部等部门颁布了一项通知，即《关于在重点建设项目中开展工程环境监理试点的通知》，通知中要求在西气东输、青藏铁路等工程中进行工程环境监理。随着我国工程环境监理理念的发展，尤其是 2010 年之后国内众多工程项目（交通、铁路、水利等）纷纷开始进行工程环境监理。通过对这些工程项目的环境监理工作，我国逐渐总结出一系列符合我国国情的工程环境监理工作内容和方式，并逐步模式化和制度化，从而为我国工程环境监理工作的进一步发展奠定了基础。

第一阶段：1986 年以前，环境监理工作处于探索阶段，主要进行了环境监理工作的有益尝试，主要包括以下几方面。

（1）排污收费监理。

（2）环境监察。

（3）针对单一环境要素的环境执法队伍，如消除烟尘大队等。

（4）城市监察大队下设的环境监察分队。

第二阶段：1986—1992 年，环境监理的试点阶段。

（1）1986 年国家环境保护局先后在顺德、威海、马鞍山及秦皇岛市进行了全国第一批环境监理试点工作。

（2）1991 年 8 月国务院制定了《环境监理工作暂行办法》，核心内容是环境监督工作，主要是排污监督与收费等工作。

（3）1992 年 7 月国家环境保护局发布了《环境监理执法标志管理办法》。

第三阶段：1992 年至今，环境监理深化发展阶段，国家环境保护局先后批准在山东等 22 个省（自治区、直辖市）不同规模的 57 个城市进行了全国第二批环境监理试点工作。1993 年将 100 个县作为县级环境监理试点。

目前很多省市都出台了环境监理工作办法，明确了环境监理工作适用范围、机构资质及人员要求。

2. 环境监理制度的法律依据

我国还未出台针对环境监理的法律法规，相关适用的法律主要有《中华人民共和国环境保护法》《中华人民共和国环境影响评价法》《中华人民共和国水污染防治法》等环保单行法以及环境标准。

2002 年国家环境保护总局下发了《2002 年全国环境监理工作要点》，提出了"加强青藏铁路、西气东输、西电东送等重点西部开发项目和重点生态功能保护区、自然保护区的生态环境监理"。

地方和行业也出台了各自的管理办法，要求对施工过程进行环境监理，把环境监理报告作为该项目环保验收时的重要依据之一。管理办法对环境监理机构也进行了资质要求，通常必须在当地进行环境监理资质认证，才能开展当地建设项目的环境监理工作，即环境保护行政主管部门按照审批权限，对其审批的建设项目环境监理进行监督管理。

《辽宁省建设项目环境监理管理暂行办法》规定："对施工期环境污染或破坏较大的建设项目实施环境监理，环境监理的机构应向辽宁省环境保护厅提出申请，经辽宁省环境保护厅认定后可以从事建设项目环境监理工作，认定 3 年后需重新申请。环境监理机构应当是法人单位，具备建设项目环境影响评价资质等条件。"

《青海省建设项目环境监理管理办法》规定："列入省政府确定的年度重点工业类、生态类建设项目，水电站开发建设项目，矿产资源开发建设项目等进行环境监理。对从事建设项目环境监理的单位实施资质管理，经省级环境保护行政主管部门审核认定后，可以从事建设项目环境监理工作，资质有效期为三年。环境监理机构应当是法人单位，具备建设项目环境影响评价乙级以上资质等条件。"

《呼和浩特市环境保护局环境监理管理办法》规定："环境监理适用于水电、交通运输项目、矿山等对环境可能产生较大影响的建设项目和涉及敏感保护目标的建设项目。环境监理报告作为项目环保验收时的重要依据之一。环境监理的机构，须经内蒙古自治区环境保护厅认定并取得内蒙古自治区环境保护厅颁发的建设项目环境监理资质证书，并报呼和浩特市环境保护局备案，方可从事建设项目环境监理工作。"

《中国石油天然气集团公司工程环境监理管理规定》："承揽环境监理任务的单位需通过集团公司规划计划部和质量安全环保部的联合认证，有超过15人的专职环境监测队伍，有能力编制环境影响报告书，有进行环境检测的各类设备仪器。"

3. 环境监理机构

通过地方、行业出台的环境监理管理办法可以看出，关于环境监理机构基本要求有以下方面：

（1）具有环境影响评价资质的法人单位。

（2）具备环境监理工作要求的专项仪器设备。

（3）具有相关的环境专业人员。

（4）环境监理人员应具备环境监理的相关证书。

从目前趋势来看，环境监理机构必须具备环评资质才能进行环境监理工作，多数工程监理单位不具备环评资质，因此环境监理主要机构将是具有环境影响评价资质的环评单位。

4. 环境监理与环境影响评价

工程建设项目的环境监理方案直接依据是设计文件、环境影响评价文件及环保部门的批复文件。

环评单位在投标其编制环评报告书项目的环境监理项目时，由于其在编制环评报告书的过程中，对现场进行了踏勘，与地方环保局进行了结合，环评报告书评审会与专家进行了沟通，所以在开展环境监理工作中具有熟悉工程环境现状和环境敏感目标、环境监理方案更具针对性、易于开展环境监理工作等优势。

5. 环境监理与竣工验收

一旦建设项目开展环境监理工作，只有提交环境监理报告和相关环境监理档案材料后，才可以进行环保验收，这与工程监理的工作内容和方式是一样的。

6. 环境监理与环境监测

环境监理过程中，需要根据情况对环境进行实时监测，如对施工噪声、场地扬尘、废水排放等进行监测，通过监测数据对施工行为造成的环境影响做出评估，从而做出施工单位是否进行整改的决定。

第三节　油气管道建设项目竣工验收阶段环境保护管理

油气管道建设项目正式生产运行前环保管理的重要内容是要完成环境保护检查和竣工环境保护验收。环境保护设施的建设和投产前的环境保护验收，是环境影响评价制度的延伸。环境影响评价文件的审批、环境保护设施的设计、建设和施工期的环境保护监督检查，以及竣工环境保护验收，构成了建设项目全过程环境管理。

一、相关定义

（1）建设项目竣工环境保护验收是指建设项目竣工后，建设单位根据《建设项目环境保护管理条例》《建设项目竣工环境保护验收暂行办法》规定的程序和标准，依据环境保护验收监测或调查结果，通过组织对配套建设的环境保护设施进行现场检查、编制报告、公开信息等手段，验证建设项目是否达到环境保护要求的活动。

（2）建设项目竣工环境保护验收监测是指在建设项目竣工后依据相关管理规定及技术规范对建设项目环境保护设施建设、调试、管理及其效果和污染物排放情况开展的查验、监测等工作，是建设项目竣工环境保护验收的主要技术依据。

（3）环境保护设施是指防治环境污染和生态破坏，以及开展环境监测所需的装置、设备和工程设施等。

（4）环境保护措施是指预防或减轻对环境产生不良影响的管理或技术等措施。

（5）验收监测报告是依据相关管理规定和技术要求，对监测数据和检查结果进行分析、评价得出结论的技术文件。

（6）验收报告是记录建设项目竣工环境保护验收过程和结果的文件，包括验收监测报告、验收意见和其他需要说明的事项三项内容。

二、油气管道建设项目竣工环境保护验收管理
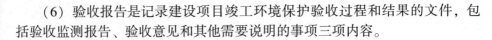

1. 建设项目竣工环境保护验收的责任主体及开展阶段

根据新修订的《建设项目环境保护管理条例》第十七条规定："编制环境影响报告书、环境影响报告表的建设项目竣工后，建设单位应当按照国务院环境保护行政主管部门规定的标准和程序，对配套建设的环境保护设施进行验收，编制验收报告。"修改后的《建设项目环境保护管理条例》明确竣工环境保护验收工作由建设单位自行开展。

油气管道建设项目属于非排污许可的建设项目，不实行排污许可管理的建设项目投入生产或者使用前需开展竣工环境保护验收。

2. 建设项目竣工环境保护验收委托

建设单位应当依据建设项目环境影响报告书（表）及其审批意见，自行或者委托有能力的技术机构编制竣工环境保护验收监测（调查）报告。

3. 建设项目竣工环境保护验收报告（表）的编制

编制环境影响报告书（表）的建设项目竣工后，建设单位或者其委托的技术机构应当依照国家有关法律法规、建设项目竣工环境保护验收技术规范、建设项目环境影响报告书（表）和审批决定等要求，如实查验、监测、记载建设项目环境保护设施的建设和调试情况，同时还应如实记载其他环境保护对策措施"三同时"落实情况，编制竣工环境保护验收报告，建设单位对受委托的技术机构编制的验收监测（调查）报告结论负责。验收报告编制人员对其编制的验收报告结论终身负责，不得弄虚作假。

4. 信息公开

新版《建设项目环境保护管理条例》中要求："除按照国家规定需要保密的情形外，建设单位应当依法向社会公开验收报告。"

根据《建设项目竣工环境保护验收暂行办法》要求，除按照国家规定需要保密的情形外，建设单位应当通过其网站或其他便于公众知晓的方式，向社会公开建设项目配套建设的环境保护设施的竣工日期、调试日期并在验收报告编制完成后 5 个工作日内公开验收报告，公开的期限不得少于 20 个工作日。建设单位公开上述信息的同时，应当向所在地县级以上环境保护主管部门报送相关信息，并接受监督检查。

同时，验收报告公示期满后 5 个工作日内，建设单位应当登录全国建设项目竣工环境保护验收信息平台，填报相关信息并对信息的真实性、准确性和完整性负责。

5. 监督管理

各级环境保护部门应当强化建设项目环境保护事中事后监督管理，建立"双随机一公开"抽查制度。要充分依托建设项目竣工环境保护验收信息平台，采取随机抽取检查对象和随机选派执法检查人员的方式，同时结合违规项目定点检查，对建设项目环境保护设施"三同时"落实情况、竣工环境保护验收等情况进行监督性检查，结果向社会公开，将建设项目有关环境违法信息及时记入诚信档案。

第四节　油气管道建设项目运行阶段环境保护管理

油气管道建设项目运行期环境影响主要来自正常运行的工艺站场的排污，以及事故状态下，油品或者天然气的泄漏对周边环境产生的影响。在建设项目投入生产或者使用一定时间内，产生不符合经审批的环境影响评价文件情形的，建设单位自主组织或者环评审批部门责成建设单位组织开展环境影响后评价工作。环境影响后评价的开展既是对环境影响评价结论、环境保护对策措施的有效性验证，又是对项目建设中或者运行后发现或产生的新问题开展分析、提出补救和改进方案、提高环境影响评价有效性的重要举措。

一、相关定义

环境影响后评价是指编制环境影响报告书的建设项目在通过环境保护设施竣工验收且稳定运行一定时期后，对其实际产生的环境影响以及污染防治、生态保护和风险防范措施的有效性进行跟踪监测和验证评价，并提出补救方案或者改进措施，提高环境影响评价有效性的方法与制度。

二、油气管道建设项目环境影响后评价管理

1. 建设项目环境影响后评价的责任主体和开展阶段

建设项目环境影响后评价应当在建设项目正式投入生产或者运营后三至

五年内开展。原审批环境影响报告书的环境保护主管部门也可以根据建设项目的环境影响和环境要素变化特征，确定开展环境影响后评价的时限。

建设单位或者生产运营单位负责组织开展环境影响后评价工作，编制环境影响后评价文件，并对环境影响后评价结论负责。

2. 建设项目环境影响后评价委托

建设单位或者生产经营单位可以委托环境影响评价机构、工程设计单位、大专院校和相关评估机构等编制环境影响后评价文件。编制建设项目环境影响报告书的环境影响评价机构，原则上不得承担该建设项目环境影响后评价文件的编制工作。

3. 建设项目环境影响后评价报告编制

建设项目环境影响后评价文件应当包括以下内容：

（1）建设项目过程回顾。包括环境影响评价、环境保护措施落实、环境保护设施竣工验收、环境监测情况，以及公众意见收集调查情况等。

（2）建设项目工程评价。包括项目地点、规模、生产工艺或者运行调度方式，环境污染或者生态影响的来源、影响方式、程度和范围等。

（3）区域环境变化评价。包括建设项目周围区域环境敏感目标变化、污染源或者其他影响源变化、环境质量现状和变化趋势分析等。

（4）环境保护措施有效性评估。包括环境影响报告书规定的污染防治、生态保护和风险防范措施是否适用、有效，能否达到国家或者地方相关法律、法规、标准的要求等。

（5）环境影响预测验证。包括主要环境要素的预测影响与实际影响差异，原环境影响报告书内容和结论有无重大漏项或者明显错误，持久性、累积性和不确定性环境影响的表现等。

（6）环境保护补救方案和改进措施。

（7）环境影响后评价结论。

4. 建设项目环境影响后评价报告备案

建设单位或者生产经营单位应当将环境影响后评价文件报原审批环境影响报告书的环境保护主管部门备案，并接受环境保护主管部门的监督检查。

第四章　油气管道生产运行阶段环境保护管理

第一节　环境风险辨识与环境保护隐患辨识通用技术方法

一、环境风险辨识方法

1. 油气管道环境风险辨识的范围

环境风险辨识按标准要求应包括油气管道企业能够控制和能够施加影响的环境风险因素。能够控制的环境风险，是油气管道企业可以通过自身管理加以控制、改变、处理或处置的环境因素。其中包括企业活动、产品和提供服务过程中伴随的对环境造成有害影响的环境风险；能够施加影响的环境风险，是不能通过或难以通过行政管理及其他经济或技术手段改变，或不能直接加以控制和管理的环境风险。包括组织所使用的产品和服务中的环境风险。

2. 油气管道环境风险辨识的内容

环境风险辨识一般包括"一个过程，三种时态，三种状态，六个方面"。一个过程是指产品、活动和服务整个生命周期的全过程。

三种时态包括过去、现在和将来。过去是指以往遗留的问题；现在是现场的、现有的污染及环境问题；将来是指生产设施的废弃、生产工艺及过程的改进，生产过程辅助材料的改变、替换等因素可能带来的环境问题，以及将来潜在的违反法律法规和其他要求，还有计划中的活动可能带来的环境问题。

三种状态是指污染物的常规排放、资源能源的正常消耗，设备异常所涉及的开机、停机、检修和维修，突发性紧急事故、环保设施的突然失效等状态。

六个方面是指大气排放、水体排放、废物管理、土地污染、原材料、自然资源、能源、对社区和周边环境的影响等其他环境风险。

3. 油气管道环境风险辨识通用要求

环境风险辨识要求用简洁、清晰的方式将环境风险表示出来，一般有如下要求。

（1）明确所辨识的各类环境风险因素，包括大气排放，水排放，废弃物，土地污染，原材料、能源、自然资源使用以及其他环境问题六个方面的内容及其发生的地点和环节。

（2）明确环境风险可能带来的环境影响，同一个环境风险因素可能存在不同的环境影响，环境风险的辨识是以控制其环境影响为目的的。

（3）明确污染物排放发生的频次与排放强度，污染物排放造成环境影响的范围，造成环境影响的可恢复性或持续性。

（4）明确油气管道企业现有的对污染物的处理现状与控制措施，以及污染物的排放去向等。有些管理措施可能已落实在岗位职责、体系文件、管理制度、操作规程、作业指导书或是应急计划中，但还是都要在这里简明扼要地表达清楚，以便员工学习领会，只有这样才能真正实现环境风险因素的辨识目的。

（5）"三种时态"指过去、现在和将来。油气管道企业在对现有的环境污染和环境问题进行充分考虑的同时，也要看到以往遗留的环境问题。因为这些问题有可能现在仍然产生环境影响；同时油气管道企业还需要对目前计划中的活动在将来可能产生的环境风险因素，以及产品出厂、活动完成和服务提供后可能带来的环境影响加以关注。

（6）"三种状态"是指正常、异常和紧急状态。正常状态指正常输油气生产及管道建设。异常状态指输油气生产过程流程切换，设备、设施大修和检修，新技术推广试验等可合理预见的情况。紧急情况指不可预见何时发生，发生频率极小，但对环境影响较大的环境因素（如管道或油罐泄漏、火灾、爆炸、洪水、滑坡及第三方破坏等紧急情况）。

4. 油气管道环境风险因素辨识方法

环境风险辨识有许多方法，现有的国际标准没有推荐具体方法，因此油气管道企业可以根据自身情况来选择。目前主要的方法有调查表法、现场调查法、问卷调查法、产品生命周期分析法、物料平衡分析法、过程分析法、水平对比法以及专家评议法等。实际应用过程中，每一种方法在使用效果上均不能完全满足要求，各有利弊，实际操作时最佳的方式是选取几种方法组合使用。

1）调查表法

使用调查表可以广泛收集各种信息，根据油气管道企业情况和评审人员的经验系统设计调查表格，对环境因素进行调查统计。一般应使调查的内容清晰明确，使评审和被调查者易于理解。调查内容设计应保持相互关联和一致性，便于结果分析，并覆盖所有活动、产品和服务，以及三种时态和状态。

与企业活动、产品或服务有关的供方、承包方、废物收购方、社区居民等相关方的环境风险辨识多采用调查表的方法。一般涉及的内容包括废物的产生及处置，各种资源和能源的使用，原材料的使用及利用率，生产工艺流程的水平及对环境的影响，管理工作中的问题对环境造成的影响等。

油气管道企业可根据实际情况设计调查表的内容，单独设计废水、废气、废渣及噪声等因素的调查表，如表4-1所示，也可按照活动、产品和服务过程，设计通用综合调查表对环境因素进行一一辨识，如表4-2所示。

表4-1　油气管道行业环境因素辨识调查表（废水排放）

活动产品服务	排放口	排放量	主要污染物	浓度	排放规律	排放去向	治理措施	监测频次	达标情况	今后应采取的措施

表4-2　油气管道行业环境因素辨识通用综合调查表

序号	活动产品服务	环境因素	物质组分	环境类别									排放使用量	频率	合规性	有无控制	其他
				废水	废气	废渣	噪声	土壤	资源	能源	生态	其他					

2）现场调查法

在环境风险辨识过程中，通过现场调查侧重关键环节，突出重点。一般和调查表同时使用，交叉进行，可以全面覆盖又重点突出。

现场调查时应做好相关记录，搜集执行文件、安全要求、监测记录、仪器仪表鉴定规程以及设备维修保养规程、作业规程制度等。在调查时主要采用现场采访、实地测量、现场检查、专家座谈等方式开展工作。

现场采访是经常用的方法，调研人员赴现场之前先设计好现场调查提纲，明确现场采访的目的、具体内容、采访对象、采访问题等，到现场采访时，按照提纲进行。在实际现场调查时，如果发现新的问题或者与预先设计的内容不符，应灵活掌握，针对问题查出环境影响因素，搞清问题产生的原因和可能采取的应对措施。

实地测量是由油气管道企业内部或有关环保监测部门对企业活动、产品或服务过程中的一些产生环境影响较大的控制点进行测量，收集信息，具体掌握环境状况，以获得定量化的资料，从而进行资料的汇总分析和评价。

现场检查是由调研人员到现场查看或倾听所发生的事。例如观察现场有毒物质、污水排放来源，听到噪声等。通常实际发现的事件与预期的不同。

专家座谈一般是聘请有经验、熟悉生产工艺流程的专家举办各种座谈会，讨论运行过程，做好记录，然后总结归纳。

3）问卷调查法

问卷调查是事先准备好一系列问题，通过现场与人员交谈的方式，获取环境因素信息。问卷应包括企业所有活动、产品和服务，以及相关环境问题。调查问卷的问题举例如下：

（1）产生哪些大气污染物？污染物浓度及总量是多少？

（2）使用哪些有毒化学品？数量是多少？

（3）如何考虑环境问题？

（4）水、电、煤、油用量是多少？

（5）有哪些环保设备？维护状况如何？

通过这些问题，有效地搜集到环境因素相关的数据信息，后期按照环境问题或者产生环境问题的部门进行整理归纳分析，得到相应的结论。

4）产品生命周期分析法

产品生命周期分析法是近年来发展起来的方法。任何事物都有其发生、成长、持续、衰落和消亡的过程，对产品进行生命周期分析可以全面了解企业的产品从原料到产品废弃与再生等全部生命过程。具体可以从以下几个方面来分析确定环境风险因素：原材料、半成品的采购，产品设计，生产制造，产品生产工艺，设备维修、保养、更新，产品包装，检验、分析、检测设施，搬运、储藏、销售、使用，售后服务，产品的报废、回收、处置及再生利用等。

在实际应用中，一般采用生命周期矩阵开展分析。矩阵包括产品的各个阶段及各阶段存在的环境问题，如表4-3所示。通过生命周期矩阵分析，可以拓展思路，使分析人员同时考虑生产现场和社会领域，从而发现更多潜在可以改进的环境问题。企业可根据其自身特点，设计产品生命周期分析矩阵。

表4-3　生命周期矩阵

	大气污染	水污染	能源消耗	噪声污染	有毒品使用	废弃物	……
原材料选用							
生产加工							
包装							
储存运输							
销售							
使用							
废弃再生							

5）物料平衡分析法

分析工艺流程的每一操作单元，进行物料平衡及能源管理，分析物料的毒性及管理状况，可以发现主要的污染点。物料平衡的基本原则是投入等于产出，其分析方法主要包括记录生产过程所有输入的物料及已知的产出，将其单位均转换为统一的标准计量单位，依据物质守恒定律，输入的总量应该等于输出的总量，可用于估算一些未知数量的物质，如未知废物等。

6）过程分析法

运用工艺过程分析可以追根溯源地找到确切的污染源，从而对其进行很好的控制。过程分析法是我国ISO14001先行实施者和企业在实践中摸索出的一种方法，借鉴了产品生命周期、物料衡算、现场调查、专家座谈等的特点，是一种较为实用的方法。一般是按产品生命周期的思路，结合生产工艺流程把企业的运行和活动以及对应的职责部门进行排序，通常包括从原料的采购、周转、生产加工、施工作业的各个过程，以及动力、行政、后勤等。对每一职责部门或其运行活动按顺序进一步地过程细分；通过工艺安全分析、现场观察及统计等方法辨识确定每一细分过程中存在的环境因素。明确每一环境因素对应的环境影响；将各过程的环境因素进行汇总统计，可将具有相同属性和控制手段的环境因素进行适当合并。

7）水平对比法

水平对比法是研究最佳操作的一项技术，是将企业内某项生产技术或工艺流程与企业内部先进生产技术或工艺流程对比，与同行业或其他相关行业中的先进生产技术或工艺流程对比，找出差距，进行改进。

8）专家评议法

由有关环保专家、咨询师、企业的管理者和技术人员组成专家评议小组，评议小组应具有环保经验、管理体系标准和环境风险因素辨识知识，并对评审组织的工艺流程十分熟悉，才能对环境风险因素准确、充分地辨识。在进行环境风险因素辨识时，评议小组采用过程分析的方法，在现场分别对过程片段的不同时态、状态和不同的环境风险类型进行评议。

总之，油气管道企业可能包括多种活动，制造多种产品，提供多项服务，尤其是大型组织，其活动、产品和服务的种类繁多、规模较大、过程也较复杂，因而仅仅凭借一种方法来辨识环境风险因素往往不妥。企业可对上述方法综合运用，如有可能，可以聘请外部专家咨询评议，并配合过程分类方法，如将企业的活动分为办公活动、生产活动、经营活动、后勤活动、库房保管活动等，这样才可能全面而准确地辨识出所有直接和间接的环境风险因素。

二、环境风险评估方法

1.环境风险评估依据和途径

环境影响评价依据包括环境影响的范围规模，环境影响的程度，发生的频次及持续的时间，资源的消耗，法律法规及其他要求，相关方的观点，对其他活动和过程的影响，商业要求，成本的影响，公众形象的影响及其他依据。

环境因素识别的主要途径包括作业活动分析，区域风险评价或调查，工程变更分析，事故事件学习，行为观察、巡视和检查分析，审核和检查。

2.环境风险评估方法

按照 ISO 14001—2015《环境管理体系要求和使用指南》，组织应决定那些对环境具有或可能具有重要影响的因素，即重要环境因素。重要环境因素的评估方法一般为直接判断法和矩阵分析法评价标准。

1）直接判断法

一般可判定为环境重要因素的内容包括油品输送发生的油品外泄；有毒有害废弃物（列入《国家危险废弃物名录》的），处理不符合有关要求或未找到好的处理办法（如清罐产生的油泥）；有毒有害易燃易爆等物品（包括化学品）在采购、运输、储存、使用、废弃过程中可能有重大环境影响的；新购设备的运行、材料的使用等可能对环境产生很大影响；有较大节降潜能、没有管理控制及行业对比浪费较大资源能源等。另外还有相关方合理抱怨以及地方政府严格要求的，目前经济技术可行，通过方案措施能够解决的因素均可算作重要因素。包括以下方面内容：

（1）废水。

① 油品输送、储存过程中产生的含油污水及其他工业污水超标排放或虽经简单处理仍不达标，直接评定为重要环境因素；

② 环保设施发生异常情况时的废水排放，定为重要环境因素。

（2）废气。加热炉吹灰直接排放的，定为重要环境因素。

（3）噪声。输油气生产、建设中产生的引起相关方抱怨的噪声，定为重要环境因素。

（4）固体废弃物。

① 油品输送发生的油品外泄可评为重要环境因素；

② 有毒有害废弃物（列入《国家危险废弃物名录》的），处理不符合有关要求或未找到好的处理办法的（如清罐产生的油泥），判定为重要环境因素；

③ 有毒有害易燃易爆等物品（包括化学品）在采购、运输、储存、使用、废弃过程中可能有重大环境影响的；

④ 新购设备的运行、材料的使用等可能对环境产生很大影响。

（5）资源能源有下列情况之一的可评为重要环境因素：

① 有较大节降潜能；

② 没有管理控制的；

③ 行业对比浪费较大。

（6）可能发生重大环境破坏的事故隐患。

（7）相关方合理抱怨以及地方政府要求严格的。

（8）目前经济技术可行，通过方案措施能够解决的。

2）矩阵分析法

矩阵评价表见表4-4。

表4-4　矩阵评价表

后果			可能性					
			1	2	3	4	5	6
	财产	环境	声誉	行业内未发生（极不可能）	行业内曾发生（很少可能）	国内曾发生（有可能）	公司内曾发生（很有可能）	站内曾发生（随时有可能）	违反法规标准
1	经济损失10万元以下	轻微影响	轻微影响	一般	一般	一般	一般	一般	重要
2	经济损失10万～100万元	较小影响	较小影响	一般	一般	一般	一般	一般	重要
3	直接经济损失100万～1000万元	局部影响	严重影响	一般	一般	一般	一般	重要	重要
4	直接经济损失1000万～5000万元	重大影响	国家性影响	一般	一般	一般	重要	重要	重要
5	直接经济损失5000万元以上	特大影响	国际性影响	一般	一般	重要	重要	重要	重要

注：（1）财产主要指成本和产值的影响，后果潜在的严重程度、法规要求、人员伤害、环境影响、停输。

（2）　　　　：一般环境因素，　　　　：重要环境因素。

第二节　油气管道环境风险辨识与环境保护隐患辨识具体内容

一、油气管道环境风险辨识

1. 输油气生产单位环境风险辨识

所属各单位环境管理部门提出环境因素辨识培训需求，配合培训主管部门组织对各科室、基层单位开展环境因素辨识培训工作。

基层单位每年定期组织安全员、技术员、现场管理人员、有经验的岗位操作员等人员采用上述识别方法和要求识别本单位的环境因素，填写《环境因素排查表》，见表4-5。

表4-5　环境因素排查表

序号	存在部位/涉及部门	活动产品或服务	环境因素	发生状态			环境影响	使用量排放量	是否达标	管理措施/处置方式	备注
				正常	异常	紧急					

所属各单位机关各部门每年定期组织本部门按上述识别方法和要求识别本部门及业务范围内的环境因素，填写《环境因素排查表》并汇总整理《环境因素清单》后报安全科和本单位环境主管部门。

2. 工程项目环境风险辨识

工程项目主管单位在新建、改建、扩建项目的建设和施工初期按上述步骤组织进行环境因素识别，填写《环境因素排查表》，汇总整理编制《环境因素清单》，并对施工单位的环境因素识别情况进行检查。

新建、扩建、大修项目投产后一个月内，运行单位按上述步骤组织进行环境因素识别，填写《环境因素排查表》，并汇总整理编制《环境因素清单》。

3. 环境背景值管理

输油气单位应对现场和周围区域的环境背景值进行调查，当输油气站场、干线周边环境发生重大变化时，应对环境背景值及时进行复核，聘请有资质的评价单位针对新产生的环境因素进行环境质量监测，并对照环境背景值及以往环境质量监测结果进行评价，识别产生的环境影响。每3~5年对环境背景值进行复核。

背景值监测包括：

（1）土壤和地下水；

（2）地表水；

（3）人工排水设施；

（4）空气质量；

（5）敏感区域；

（6）是否存在濒危野生动植物；

（7）污染土壤调查；

（8）其他。

二、油气管道环境风险评价

所属各单位环境主管部门组织各专业主管部门对基层单位上报的《环境因素清单》（表4-6）进行审核、评价，最终形成本单位的重要环境因素，编制《重要环境因素清单》（表4-7）经本单位主管领导审批后，上报公司环保主管部门。

表4-6 环境因素清单

序号	区域/部位/设备	活动、产品、服务	环境因素	环境影响	风险评估值			控制方法	现有措施执行后的风险			进一步改进建议措施	控制部门或负责人
					后果	可能性	风险值		后果	可能性	评价结果		

表4-7 重要环境因素清单

序号	存在部位/涉及单位	活动、产品、服务	环境因素	环境影响	控制、管理相关部门	控制方法

公司环保主管部门负责对公司机关各部门环境因素排查结果进行汇总，编写公司机关《环境因素清单》，并组织各业务部门进行评价，评价结果列入《环境因素清单》。

公司环保主管部门对所属单位报送的《重要环境因素清单》进行汇总，并组织各相关专业部门进行二次评价、确认，最终确定公司级《重要环境因素清单》。经主管领导审核签字后通过网页等形式公开发布，便于员工查阅。

三、环境因素识别和影响评价的频次

为保持环境因素辨识、评价信息的有效性，公司各部门、所属各单位应每年定期对环境因素进行重新评审，如有变化予以更新，并对重要环境因素重新评价。主要包括法律、法规与标准提出了新的要求；因采用新技术、新工艺、新设备、新材料、工程投用而使环境因素发生了变化；油品（气）输送方式、废水、废气、废弃物处理等使环境因素发生变更；环境因素辨识有遗漏等情况。

当发生以下情况时，所属各单位应及时进行环境因素的识别，并组织专家、技术人员或第三方评价机构进行评价。

（1）法律、法规与标准提出了新的要求；

（2）因采用新技术、新工艺、新设备、新材料、工程投用而使环境因素发生了变化；

（3）油品（气）输送方式、废水、废气、废弃物处理等使环境因素发生变更；

（4）相关方有合理的抱怨；

（5）环境因素识别有遗漏；

（6）当周边环境发生重大改变时。

四、油气管道环境风险控制

1. 环境影响控制策划原则

以首先选择能够消除环境影响的方式为原则，其次采取可降低环境影响的方式。

2. 环境影响控制的方式

针对评价出的重要环境因素应至少采取以下控制方式之一进行控制：

（1）投资控制（设定风险控制目标，按需求投资控制）具体执行《投资计划管理程序》《站场设施更新改造大修理工程管理程序》《管道线路更新改造大修理工程管理程序》《事故隐患管理规定》；

（2）采取运行控制（编制管理程序、作业文件并按其执行，进行人员培训等控制手段）措施进行环境影响控制，具体执行《环境保护管理程序》《输油气生产环境保护管理规定》《工程施工作业环境保护管理规定》；

（3）采取应急准备和响应控制（编制应急预案并演练，或编制应急措施）等措施进行控制，具体执行《突发环境事件专项应急预案》。

3. 环境影响控制要求

公司机关针对辨识出的环境因素，尤其是评价出的重要环境因素，由环保主管部门负责组织相关部门策划环境影响控制方式，制定切实可行的控制措施。

所属各单位针对识别出的环境因素，尤其是评价出的重要环境因素，由业务主管部门负责组织相关部门制定切实可行的控制措施。

各基层单位、所属各单位、机关各部门对本单位、本部门业务范围内的环境因素控制措施进行落实，检查、跟踪落实结果，并对控制效果进行评价。

第三节　油罐泄漏原因及污染后果分析

一、油罐泄漏原因分析

油罐泄漏的原因总体可分为 3 类，包括油罐内在原因、外部原因及环境原因。

1. 内在原因

内在原因主要包括钢材材料腐蚀及材料性能、静电和雷击 3 个方面。

1）钢材材料腐蚀及材料性能

钢材腐蚀是一种自然现象。人类只能通过对科学技术成果的运用和努力，来控制腐蚀，但不能杜绝腐蚀的产生。我们所说的腐蚀是由于人们的失误而造成的腐蚀加速。材料的性能方面主要指的是使用了不符合油品储罐技术要求的材料，其中最多的是使用不耐油、不耐压的密封垫片或质量低劣的设备和材料。

2）静电

随着科学技术的飞速发展，电子仪器仪表和设备等电子产品日趋小型化、多功能化及智能化，因此高密度的大规模及超大规模集成电路不断问世。这类器件具有线间间距短、线径细、集成度高、运行速度快、低功率和输入阻抗高等特点，因而导致油罐上的此类器件对静电越来越敏感，在应用中逐渐发现器件无缘无故地损坏或早期失效，这也是导致很多事故泄漏的根本原因，而且静电也会导致一些电器元件的腐蚀老化，无声无息地间接导致了泄漏。另外，在油罐上的电子产品生产、使用和维修等环境中，大量使用容易产生静电的各种高分子材料，这无疑给电子产品的静电防护带来更多难题和挑战。

3）雷击

雷击是一种常见的自然现象，雷击的破坏性有大小，重大的雷击事故会直接导致油罐附件被破坏造成泄漏，以至于引发火灾等重大危害。小的雷击的危害性也不可小觑，雷击造成油罐附件或多或少地发生损坏和腐蚀，在雷击多发地带，油罐附件在长期的这种环境下会遭到破坏或失效，同时雷击也常伴随着静电，这些都是导致油罐泄漏的内在因素。所以油罐要有一定的防雷措施。

2. 外部原因

外部原因主要包括工艺、人为失误、设备原因和管理原因 4 个方面。

1）工艺

工艺方面有以下情况会导致泄漏：

（1）基础设计错误。如地基下沉，造成容器底部产生裂缝，或设备变形、错位等。

（2）选材不当。如强度不够，耐腐蚀性差，规格不符等。

（3）布置不合理。如压缩机和输出管没有弹性连接，因振动而使管道破裂。

（4）选用机械不合理。如转速过高、耐温耐压性能差等。

（5）储罐未加液位计，反应器未加溢流管或放散管等。

在油罐工艺上就有很多导致泄漏的因素，例如在阀门问题中，阀门由于用量多、规格型号杂、操作使用频繁，是油罐泄漏事故的多发部位。导致泄漏的阀门问题可归纳为 3 个方面：

（1）阀门设计安装问题。

（2）阀门操作使用问题。

（3）阀门的维护检查问题。

2）人为失误

（1）施工检修方面。

因施工检修引起油罐泄漏的事故原因主要表现是设计、施工、检修质量不合格，以及违反施工检修程序和操作规程等。在 294 例油品泄漏事故中有 58 例（占 19.7%）是施工检修问题引发的。

（2）脱岗失职和蛮干方面。

这方面问题的主要表现是参加作业人员的责任心差、违反规章制度、专业知识缺乏、主观武断等，其中擅离职守的问题较为突出。这类事故在 294 例中有 44 例，占 15.0%。

3）设备原因

在油罐的储存装卸或倒罐等生产作业过程中，由于液位报警器失灵导致油品外溢，并造成一些重大损失的事故也屡见不鲜。除了液位报警器失灵故障外还有加工不符合要求或未经检验擅自采用代用材料、加工质量差，特别是不具有操作证的焊工焊接质量差、施工安装精度不高等原因。

4）管理原因

管理方面的疏忽也是导致泄漏的常见原因之一，主要有以下这些原因：

（1）没有制定完善的安全操作规程；

（2）对安全漠不关心，已发现问题不及时解决；

（3）没有严格执行监督检查制度；

（4）让未经培训的工人上岗，知识不足，不能判断错误；

（5）检修制度不严，没有及时检修已出现的故障设备，使设备带病运转。

3.环境影响及其他方面

恶劣的天气对储油罐作业生产的影响也是巨大的，寒冷的天气，非保温罐由于受温度影响，罐内油品的温度会下降，温度低于凝点会造成油品的冻结，这给油罐的生产作业带来极大的危害，特别是对高凝点油品的危害更为严重，若遇上下雪的天气，浮顶式油罐有可能会造成浮盘下沉，这将造成灾难性的大事故。在炎热的夏天，温度很高时特别容易造成压力超压，若碰到呼吸阀出现故障，整个油罐就会吸瘪，后果不堪设想。在大风大雨天气中同样也会造成油罐附件的损坏，而且大雨天气中雨水排出不及时也会造成浮盘下沉。最近几年我国天气极其异常，更应该做好对恶劣环境的预防措施。

另外，自然灾害、社会环境对人的安全意识和安全行为的影响也是不可忽视的因素。

二、油罐泄漏污染后果分析方法

油罐一旦发生泄漏，其后果不单与物质的数量、易燃性、毒性有关，而且与泄漏物质的相态、压力、温度等状态有关。而泄漏的危害大小与泄漏量多少有关，泄漏的量越大造成的危害也就越大。油品泄漏不仅给经济带来重大损失，而且污染环境、腐蚀设备，这将更进一步地促进泄漏，而且设备的腐蚀老化会给作业带来诸多隐患。更严重的是油品的扩散性及易燃性很容易造成火灾和爆炸，后果将是灾难性的。

泄漏造成的危害大致为：

（1）给公司造成巨大的经济损失，也严重影响公司的形象和声誉；

（2）泄漏为火灾或爆炸埋下隐患，可能会导致灾难性的后果；

（3）泄漏对环境造成污染，包括土壤污染和空气污染，靠近海边的甚至有水污染；

（4）泄漏会腐蚀油罐附件，使附件容易遭侵蚀而失去原有的效用；

（5）会引起作业人员中毒，给人的身体带来疾病，常常会是潜伏性的，所以需要时刻注意自身安全。

油罐泄漏事故的分析方法方面，主要采用预先危险分析法和道化学火灾、爆炸指数分析法，以及事故树分析法。

1. 预先危险分析法

预先危险性分析法（PHA）可在系统安全性分析中有效应用，这种分析方法可以为研究和开发各种针对性的监控系统、检测技术、事故预防和应急措施奠定基础，以及为制定防止不安全因素转化为事故发生和事故发生后减少损失的安全管理规章制度等提供定性的依据。

1）目的

通过预先危险分析（PHA），力求达到4个目的：

（1）大体识别与系统有关的主要危险；

（2）鉴别产生危险的原因；

（3）预测事故出现对人体及系统产生的影响；

（4）判定已识别的危险性等级，并提出消除或控制危险性的措施。

2）分析方法

预先危险分析根据危险程度和可能导致的后果不同分为Ⅰ、Ⅱ、Ⅲ、Ⅳ四个危险等级，见表4-8。

表4-8 危险等级划分

级别	危险程度	可能导致的后果
Ⅰ	安全的	不会造成人员伤亡及系统损坏
Ⅱ	临界的	处于事故的边缘状态，暂时还不至于造成人员伤亡、系统损坏或降低系统性能，但应予以排除或采取控制措施
Ⅲ	危险的	会造成人员伤亡和系统损坏，要立即采取防范对策措施
Ⅳ	灾难性的	造成人员重大伤亡及系统严重破坏的灾难性事故，必须予以果断排除并进行重点防范

通过PHA对大型储罐的调查研究可以得知，该设备存在着泄漏、火灾爆炸、高温灼伤的危险，主要危险为火灾爆炸，其危险等级为Ⅳ。引发火灾爆炸的主要因素是大型储罐内油品的故障泄漏。

大型储罐预先危险性分析见表4-9。

制表单位：

表 4-9 大型储罐预先危险性分析表

潜在事故	危险因素	触发事件 (1)	触发事件 (2)	事故后果	危险等级	防范措施
油品失控，造成溢油、滴油	油品的流动性和气体的压力	①操作使用问题： A. 执行制度不严和误操作，造成阀门错开、误开、关闭不严，甚至怕下次阀门难开，有意不关严等； B. 保管人员不熟悉阀门操作使用，误将阀门开启当作关闭； C. 放空管道后，阀门未关，或油品进出油阀门窜油，放空油罐溢油，或者从呼吸阀、测量孔流失； D. 用加压泵进行灌装作业时，灌装油桶嘴全部于关闭状态，压力增大冲毁管道阀门，法兰连接处松片； E. 管道放空后，进气阀门未关或关闭不严； F. 卧式油罐液位计管阀门失灵，胶管老化破裂； G. 收发油作业后，保管人员怕下次阀门难开，将阀门少关两圈，造成下次作业时放空油罐溢油。 ②设计安装问题： A. 没有按规范要求进行设计、施工安装没有严格执行技术要求（如阀门选用不当，在寒区、严寒区选用了铸铁阀门，且未采取保温措施，水积存于阀门中，冬季结冰将阀门冻裂）；	①液位计失灵。由于管理上的疏忽导致。 ②脱水时跑油。由于擅离职守导致。 ③罐体破裂。由于自然灾害如雷击、地震、台风、下水雹导致。 ④析板渗漏。由于年久失修、地震等地质灾害造成底板破裂和地基局部下沉导致。 ⑤油罐附件的大小孔，如人孔、清扫机孔、搅拌机孔等由于型号不符，设计出现偏差导致接壁漏油等过关导致。 ⑥罐根阀泄漏。由于腐蚀、施工时焊缝没焊好，还有在生产作业时的操作失误导致。 ⑦浮盘。由于罐体的倾斜等造成卡盘、人员管理操作不当，负责出现冒顶。 ⑧油罐吸瘪。一般是由于呼吸阀阀口的机破故障或是出油时油流量过大造成的。 ⑨故障泄漏。 A. 油罐、管线、阀门、法兰等泄漏或破裂； B. 油罐超装溢出； C. 机、泵破裂或装转动设备、泵密封处泄漏； D. 罐、机、泵、阀门、管道、流量计、	设备损坏，腐蚀，人员中毒、伤亡、停产；遇明火易发生火灾；泄漏也造成设备损坏和油品大量跑漏等经济损失	Ⅲ	①及时维护保养设备，及时检查阀门工作状态，及时更换损失灵阀门； ②阀门、管线按照检查维修周期进行技术检查和鉴定，及时清理阀门内的沉积杂物，定期检查设施的腐蚀情况，如果设备设施腐蚀穿孔，应及时更换； ③设备拆卸检修时，应封堵管口、孔口等； ④设备设施试运转中，放空管线后应关闭阀门，检修后再投入使用合格，符合技术要求的设备、材料； ⑤严格控制设备质量及其安装： A. 罐、管线、机、泵、阀等设备及其配套仪表产品要选用质量好的合格产品，并把好质量、安装关；

续表

潜在事故	危险因素	触发事件（1）	触发事件（2）	事故后果	危险等级	防范措施
油品失控，造成溢油、滴油	油品的流动性和气体的压力	B. 管道未设置泄压装置，管内存油受热膨胀，管线受热胀冷缩裂，垫片冲毁，管线位移破坏了法兰连接的严密性； C. 管道未按要求设置补偿器，热胀冷缩时，焊缝受弯曲应力断裂，焊缝裂口，法兰连接处曲应力破坏了管线阀门，或将阀门设置于横向位移的管段，且距管路连接处的密封变损； D. 阀门位置选择不当，如将阀门设置于横向位移的管段，且距管路连接处的密封变损； E. 施工安装时，未按规定定清洗、试验，有渗漏，老化变质等； F. 管道整体强度试验不当，水击而而放空或排放不净，冬季试验时操作不当，造成冰而冻裂，或者试验收不严和不验收而交付使用，留下了隐患； G. 设备、材料进行检查验收，使用了劣质垫片，或不符合技术要求的设备、材料	仪表等连接处泄漏； E. 罐、机、阀门、泵、管等因质量不好（如制造加工质量、材质、焊接等）或安全不当泄漏； F. 撞击（如车辆撞击、物体跌落等）或人为破坏造成油罐、管线等破裂而泄漏； G. 由自然灾害造成的破裂泄漏，如雷击、台风等。 ⑩运行泄漏： A. 超压造成破裂、泄漏； B. 液压安全阀、透气阀等安全附件失灵，损坏或操作不当； C. 垫片撕裂造成泄漏	设备损坏，人员伤亡，腐蚀中毒，停产；遇明火易发生火灾；泄漏也造成严重的设备损坏和油品大量跑漏等经济损失	Ⅲ	B. 管道、油罐及其仪表等有关设施要按要求进行定期检验、检测、试压； C. 对设备、管线、机、泵、阀、仪表、报警器、监测装置等要定期进行检查、保养、维修，保持完好状态； D. 按规定安装电气线路，定期进行检查、维修、保养，保持完好状态。 ②防止油品的跑、冒、滴、漏； ③加强油罐安全管理，杜绝"三违"，坚持巡回检查，发现问题及时处理，如液位报警器、安全呼吸阀、防爆保温、防腐阀、防寒保温、液位报警器等消防及救护设施是否完好、正常，油罐、管线、泵、阀等是否泄漏，消防通道、地沟是否畅通等

潜在事故	危险因素	触发事件（1）	触发事件（2）	事故后果	危险等级	防范措施
火灾爆炸	油品的易燃易爆及挥发扩散性等	①明火。 A. 点火吸烟； B. 外来人员带火种； C. 抢修、检修时违章动火，焊接时未按规定动火； D. 物质过热引起燃烧； E. 其他火源； F. 其他火灾引发二次火灾等。 ②火花。 A. 穿带钉皮鞋； B. 击打管道，设备产生撞击火花； C. 电器火花； D. 电气设备线路陈旧老化或受到损坏产生短路火花，以及因超载、绝缘烧坏引起明火； E. 静电放电； F. 雷击（直接雷击、雷击二次作用，沿着电气线路或金属管道侵入）； G. 驶入车辆未带阻火器等； H. 焊、割、打磨产生火花等		设备损坏、人员伤亡，停产造成严重经济损失	IV	控制与消除火源： ①严禁吸烟、携带火种，穿带钉皮鞋进入易燃易爆区； ②油罐动火必须严格按动火手续办理动火证，并采取有效防范措施； ③易燃易爆场所应使用防爆型电气设备； ④使用不发火的工具，严禁用钢质工具敲打、撞击、抛掷； ⑤按规定安装避雷装置，并定期进行检测； ⑥按规定采取防静电措施； ⑦加强门卫，严禁机动车辆进入危险区，运送油品的车辆必须配备完好阻火器，正确行驶，杜绝发生任何故障和车祸

通过采用预先危险性分析法对油罐发生泄漏、火灾、爆炸事故进行危险性评价，经过比较可知油罐的危险等级为Ⅱ、Ⅳ级，说明一旦发生事故，将会造成油罐系统破坏。因此，必须加强安全管理，定期对主要设备、主要部件情况及各类附件进行检验、检查，制定并贯彻执行安全操作规程及安全管理的各类规章制度，严格落实"安全第一，预防为主，综合治理"方针。

3）应用前景

通过使用预先危险性分析法对油罐泄漏、火灾、爆炸事故进行的定性分析，可以总结油罐火灾、爆炸事故的原因和规律，为改进设备、操作规程、工艺提供依据；为安全防护、人员配备、设备投资指明方向；为安全教育、技术训练提供具体翔实的内容；并提出具有指导意义的安全管理的方向和重点。结合安全防护评估方法对油罐进行评估，划分油罐的层次结构，建立油罐安全防护体系，通过采用适合于油罐的安全防护评估数学模型，对油罐安全进行数据化分析，以对油罐系统进行分析、评估，能够科学、全面、客观地反映油罐安全防护性能的现状以及存在的薄弱环节，为油罐的安全防护建设和改造提供科学的理论依据，同时也为将来油罐的设计、施工、维护、安全管理提供数据化的指导。

2. 道化学火灾、爆炸指数分析法

1）目的

道化学火灾、爆炸指数分析的目的是量化潜在火灾、爆炸和反应性事故的预期损失；确定可能引起事故发生或使事故扩大的装置；向有关部门通报潜在的火灾、爆炸危险性；使有关人员及工程技术人员了解到各工艺部门可能造成的损失，以此确定减轻事故严重性和总损失的有效、经济的途径。

2）分析方法

根据对大型储罐的调查研究，并按照公式计算出初始火灾爆炸指数及危险等级、暴露面积、基本最大可能财产损失等，并根据数据分析做出预防并通报有关部门。道化学分析方法的计算程序如图4-1所示：

道化学方法分析根据相关物质温度系数修正表确定MF参数值，并计算出一般工艺危险系数和特殊工艺危险系数。

3. 事故树分析法

事故树分析法（FTA，Fault Tree Analysis）是一种表示与导致灾害事故有关的各种因素之间因果关系和逻辑关系的分析法。FTA是对某一种失效状态在一定条件下进行逻辑推理和图形演绎，对可能造成系统事故或导致灾害后果的各种因素（包括硬件、软件、环境、人等）的层层分析，按工艺流程、先后次序和因果关系，把所有的失效原因、失效模式用逻辑和或逻辑积的关系绘制成的一个树形结构。

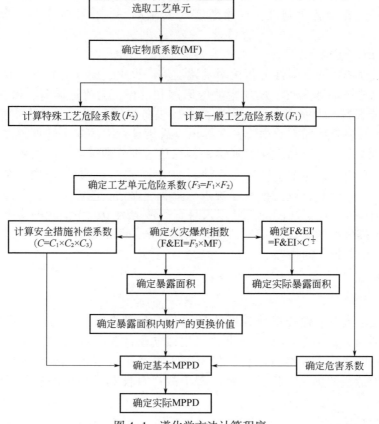

图 4-1　道化学方法计算程序

通过定性和定量分析，判明灾害或功能故障的发生途经和导致灾害、功能故障的各种因素之间的关系，以及系统故障发生概率及其他定量指标（如结构重要度、概率重要度、临界重要度），最终找出系统的薄弱环节，采取相应措施加以改善，以提高系统的可靠性和本质的安全。

1）目的

（1）能够判断出事故发生与否，以便采取直接的安全方式；

（2）能够指出消除事故的根本措施，改进系统的安全状况；

（3）从宏观角度分析系统可能发生的事故，掌握事故的发生规律；

（4）可以找出最严重的事故后果，为确定顶上的时间提供依据。

2）分析方法

事故树的分析，常因分析对象、分析目的、粗细程度的不同而异，其主要内容包括熟悉系统、事故调查、确定顶上事件、原因时间调查、建造事故树、修改和简化事故树、定性/定量分析、制定安全措施，如图4-2所示。

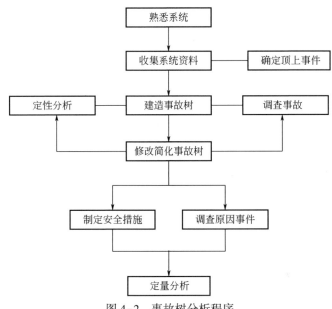

图4-2 事故树分析程序

第四节 输气站、输油站大气污染管控

一、输气站、输油站大气污染物排放分析

输油气站场上的废气污染物排放源主要有燃驱压缩机组、燃油锅炉、加热炉等设备。这些设备排放的污染物主要是氮氧化物（NO_x）、二氧化硫（SO_2）和烟尘（颗粒物），这也是目前各行业排放大气污染物的主要种类。以下国家或行业标准对上述污染物排放限值做出了规定：GB 16297—1996

《大气污染物综合排放标准》，GB 13271—2014《锅炉大气污染物排放标准》。其中 GB 16297—1996《大气污染物综合排放标准》是综合性的废气排放标准，但不与行业标准交叉执行，即行业标准另有规定的按行业标准执行。比如中石油的燃油燃气锅炉和加热炉排放应主要参照 GB 13271—2014《锅炉大气污染物排放标准》执行。该标准的适用范围为：以燃煤、燃油和燃气为燃料的单台出力 65t/h 及以下蒸汽锅炉、各种容量的热水锅炉及有机热载体锅炉；各种容量的层燃炉、抛煤机炉。中石油的蒸汽锅炉的单台出力指标一般在 20~30t/h，属于该标准声明的适用范围。燃油燃气加热炉排放也应首先执行这一行业标准，但燃驱压缩机组的废气排放由于没有专门的标准做出规定，则其排放限值目前主要参照 GB 16297—1996《大气污染物综合排放标准》执行。

此外，一些地区和城市出于环境保护的目的，根据实际情况制定了严于国家及行业标准的地方标准。如北京市地方标准 DB 11/139—2015《锅炉大气污染物排放标准》和 DB 11/847—2011《固定式燃气轮机大气污染物排放标准》。其中，DB 11/139—2015 适用于中石油位于北京市的所有燃油、燃气锅炉加热炉；而 DB11/847—2011 则适用于中石油位于北京市的燃气轮机。同时，随着时间的推移，环保排放法规会越来越严格，这些严格的地方标准代表了我们国家未来对大气污染物排放规定的发展方向，应引起我们的高度重视。

其他行业标准如 GB 13223—2011《火电厂大气污染物排放标准》，虽然是针对火电厂，但由于上文提到的对于天然气压缩机组目前还没有专业范围内的大气污染物排放标准规定，而火力发电厂又是使用燃气轮机组的"大户"，因此该标准对石油石化企业在制定自己的行业或专业标准时具有借鉴价值。GB 9078—1996《工业炉窑大气污染物排放标准》看似与石化行业相关，但其实际内容主要针对炼钢厂等，且仅对颗粒物浓度和烟气黑度做出了非常宽松的限制（颗粒物浓度限值：200mg/m³）。目前，中石油站场加热炉的排放按该标准管理。按此标准评价，目前站场上所有加热炉的烟气排放都是合格的。而最近一年，已有环保执法部门要求加热炉烟气排放按 GB 13271—2014《锅炉大气污染物排放标准》执行。

上述标准对氮氧化物（NO_x）、二氧化硫（SO_2）和烟尘（颗粒物）规定的排放限值，汇总于表 4-10、表 4-11 和表 4-12。其中，表 4-10 是相关标准对燃气轮机（具体到中石油为燃驱压缩机组）的排放限值规定；表 4-11 和表 4-12 则分别针对燃油锅炉加热炉和燃气锅炉加热炉。表中限值指烟气处理设施后烟囱中任意 1h 浓度的平均值。

表 4-10 相关标准对燃气轮机废气污染物的排放限值

	GB 16297—1996《大气污染物综合排放标准》		DB 11/847—2011《固定式燃气轮机大气污染物排放标准》	GB 13223—2011《火电厂大气污染物排放标准》	
	1997.01.01前建设	1997.01.01后建设、改扩建		一般地区	重点地区
氮氧化物 NO$_x$(mg/m^3)	420	240	30	50	50
二氧化硫 SO$_2$(mg/m^3)	700	550	20	35	35
烟尘（颗粒物）（mg/m^3）	22	18	5	5	5

表 4-11 相关标准对燃油锅炉废气污染物的排放限值

	GB 13271—2014《锅炉大气污染物排放标准》			DB 11/139—2015《锅炉大气污染物排放标准》			GB 13223—2011《火电厂大气污染物排放标准》		
	一般地区2014.07.01前在用锅炉	一般地区2014.07.01后新建锅炉	重点地区	2015.07.01后在用锅炉	2015.07.01—2017.04.01期间新建锅炉	2017.04.01后新建锅炉	一般地区2012.01.01前在用锅炉	一般地区2012.01.01后新建锅炉	重点地区
氮氧化物 NO$_x$（mg/m^3）	400	250	200	150	80	30	200	100	100
二氧化硫 SO$_2$（mg/m^3）	300	200	100	20	10	10	200	100	50
烟尘（颗粒物）（mg/m^3）	60	30	30	10	5	5	30	30	20
烟气黑度（林格曼黑度）（级）	≤1								

表 4-12　相关标准对燃气锅炉废气污染物的排放限值

	GB 13271—2014《锅炉大气污染物排放标准》			DB 11/139—2015《锅炉大气污染物排放标准》			GB 13223—2011《火电厂大气污染物排放标准》	
	一般地区 2014.07.01 前在用锅炉	一般地区 2014.07.01 后新建锅炉	重点地区	2015.07.01 后在用锅炉	2015.07.01—2017.04.01 期间新建锅炉	2017.04.01 后新建锅炉	一般地区	重点地区
氮氧化物 NO_x（mg/m^3）	400	200	150	150	80	30	100	100
二氧化硫 SO_2（mg/m^3）	100	50	50	20	10	10	35	35
烟尘（颗粒物）（mg/m^3）	30	20	20	10	5	5	5	5
烟气黑度（林格曼黑度）（级）	≤1							

　　北京地方燃气轮机排放标准 DB 11/847—2011 没有规定排放速率，但对不同功率的燃气轮机烟囱的高度做出了规定。中国石油使用的燃驱压缩机的功率一般在 20~30MW，标准中规定小于 25MW 的烟囱高度应按环评报告确定，25~100MW 的烟囱高度最低 50m。而火电厂标准 GB 13223—2011 则没有对废气排放速率和烟囱高度做出规定。事实上，GB 13223 在从上一版本修订到 2011 版时，还删掉了有关排放速率方面的规定，可见对排放速率作过多要求已不合时宜，但在 GB 16297—1996 修订前，可能仍要对燃驱压缩机组的废气排放速率给予关注。

　　对于燃驱压缩机组，从表 4-10 可以看出，即使是按 1997 年之后的限值，1996 年制定实施的 GB 16297—1996 对废气排放浓度的要求也远低于 2011 年制定的北京市地方标准和火电厂标准，这可能是由于制定年代较早，或限于综合性排放标准的定位，无法对具体某一类设备制定相适应的排放限值。但 GB 16297—1996 同时对处于不同环境空气功能区、不同排气筒高度的最高允许氮氧化物排放速率进行了限制。按照 GB 3095—2012《环境空气质量标准》，我公司输油气站场主要位于二类环境空气功能区。二类区最高允许排放速率见表 4-13。

表 4-13　GB 16297—1996《大气污染物综合排放标准》
对燃气轮机组废气污染物排放速率的限值

烟囱高度（m）	15	20	30	40	50	60	70	80	90	100
氮氧化物 NO_x（kg/h）	0.91	1.5	5.1	8.9	14	19	27	37	47	61
二氧化硫 SO_2（kg/h）	3.0	5.1	17	30	45	64	91	120	160	200
烟尘（颗粒物）（kg/h）	0.6	1.0	4.0	6.8	—	—	—	—	—	—

对于燃油和燃气锅炉，其废气排放标准应主要参照专业的 GB 13271—2014《锅炉大气污染物排放标准》执行，该标准对于 2014 年 7 月以后新建的锅炉排放要求更加严格。一些地区的站场可能还要按照重点地区特别排放限值执行。此外，北京市的火电厂的标准明显严于上述锅炉专业通用标准。对于烟囱高度，GB 13271—2014 规定为不低于 8m，具体按环评报告确定。烟囱 200m 内有建筑物时，应高于建筑物 3m 以上。北京市标准声明按 GB 13271—2014 执行，火电厂标准没有烟囱高度的规定。由此也可以看出，未来对于大气污染物排放的限制，主要体现在污染物浓度和烟囱高度，而对排放速率的限制很可能取消。

二、输气站天然气燃驱压缩机组大气污染物排放管控

1. 天然气燃驱压缩机组大气污染物排放的要求标准

输气站场的主要废气污染物排放设备就是燃驱压缩机组，由于其燃料为清洁能源——天然气，故几乎没有烟尘（颗粒物）排放，而二氧化硫排放浓度则取决于天然气中的总硫含量。目前，长输管道天然气和城市燃气中的总硫含量大致在 0.1~6.0mg/m³（数据来源为科技研究中心试验测试技术所 2013—2016 年天然气总硫含量测定数据），燃烧后产生 SO_2 的浓度则最高在 0.2~12.0mg/m³（干基）。在实际工况下，燃烧后的尾气中还有未参与燃烧反应的空气，则理论上 SO_2 的排放浓度值应更低。2016 年，试验测试技术所在中亚天然气管道站场实测的压缩机组 SO_2 排出浓度在 6.45~11.55mg/m³，相当于 10~16mg/m³。这一数值水平即使是上述最为严格的北京地方标准（20mg/m³，表 4-18）都可以满足。所以天然气压缩机组的 SO_2 排放超标的

风险不大。近年来，相关标准对长输管道天然气和城市燃气中的总硫含量要求也越来越严格，所以天然气压缩机组发生 SO_2 排放超标的风险较低。

事实上，燃驱压缩机组的最容易超标排放的废气污染物就是 NO_x，而 NO_x 其实是所有高温燃烧设备都容易产生的一种污染物。除表 4-18 所示的我国对 NO_x 排放浓度的限制，目前国际上对燃气轮机氮氧化物的排放越来越严格，例如，1979 年美国法规要求燃气轮机排放的 NO_x 量不能超过 $75mL/m^3$，近年来更改为 $25mL/m^3$；欧盟 2001/80/EC 规定以天然气为燃料的燃气轮机 NO_x 排放限值为 $50mg/m^3$，与我国火电废气排放标准 GB 13223—2011 的限值相当，但高于北京地区标准限值 $30mg/m^3$。

目前，我国输油气站场上的燃驱压缩机组全部为进口机组，主要由 GE、RR 和 Solar 三个供应商供应，且型号集中于 PGT25+、RB211 和 Titan130 三种机型。由于国内天然气管道主干线的建设也遵循国际上高压、大口径的趋势，所以目前干线天然气管道所使用的主要为 20MW 级电驱机组和 30MW 级燃驱机组。在未来一段时间内，30MW 及以上量级的燃气轮机仍将是我国管道驱动的主选机型。

在 2015—2016 年的监测数据显示（监测对象：RR 公司的 RB211-GT62 型和 RB211-24G 型压缩机组、GE 公司的 PGT25+SAC 和 CM2500+SAC 型压缩机组），无论是 RR 还是 GE 的燃驱压缩机组，其 NO_x 排放浓度在较高转速工况下，甚至不能满足限值最为宽松的 GB 16297—1996《大气污染物综合排放标准》（也是输气站场目前需要执行的国家标准）的要求。而该标准规定的另一项考核指标——排放速率，则在目前全部压缩机组在任何工况下都无法满足其限值。当然这与该标准制定时并非针对或并未考虑燃气轮机这种设备有很大关系。

针对存在的较高转速工况下燃驱压缩机组 NO_x 排放浓度不达标的问题，目前已经有很好的技术解决方案，即干式低污染（DLE，Dry Low Emission）技术。检测数据显示，中亚管道上配备的 DLE 机型的 NO_x 排放浓度可以满足火电厂标准 GB 13223—2011（限值 $50mg/m^3$）、欧盟标准（限值 $50mg/m^3$）和美国标准（限值 $25mL/m^3$）。

2. 低氮排放新技术-DLE 技术

燃驱压缩机燃烧产生的 NO_x 主要来自高温下空气中的氧气和氮气反应，即热力型 NO_x，它的产生与温度有直接的关系，如图 4-3 所示。温度越高，产生的氮氧化物就越多，CO 越少；温度越低，氮氧化物产生量就越少，而 CO 越多。普通燃气轮机因燃烧室内温度较高，相应的 NO_x 的排放量较高，若要对环境影响最小，则需要找到一个平衡点，使 NO_x 和 CO 的排放量适中，由图可以看出，当温度在 $2800℉±50℉$（1800K 左右）范围内，可保证 NO_x 和 CO 的排放量均处在较低范围内，因此，问题的关键在于如何控制火焰的温度。DLE 燃烧室最基本的设计原理，即通过使燃料与空气预先混合成均相的、稀释的可燃混合物达到控制火焰温度的目的，从而降低 NO_x 的生成量。

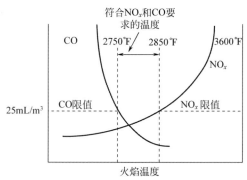

图 4-3　NO_x 与 CO 生产量与温度的关系

三、输油站大气污染物排放管控

1. 燃油加热炉、水套炉、锅炉大气污染物排放要求

对于燃油和燃气锅炉，其废气排放标准应主要参照 GB 13271—2014《锅炉大气污染物排放标准》执行。具体排放限值见表 4-19、表 4-20。中国石油站场锅炉目前的排放现状是：（1）燃气锅炉目前排放可满足标准要求；（2）燃油锅炉的 NO_x 排放可满足标准、少部分燃油锅炉 SO_2 排放超标，颗粒物排放则所有燃油锅炉全部超标。各单位正在加紧为锅炉配备除尘器，除尘效果有待进一步测试。

加热炉排放目前执行 GB 9078—1996《工业炉窑大气污染物排放标准》。但最近一年，已有环保执法部门要求加热炉烟气排放按 GB 13271—2014《锅炉大气污染物排放标准》执行。如果按照前者评价，目前站场上所有加热炉废气排放均达标；若按后者评价，则结果与燃油锅炉类似，即 NO_x 排放全部达标、SO_2 排放少部分超标、颗粒物排放全部超标。

水套炉一般直接燃烧天然气，其废气排放可满足 GB 13271—2014《锅炉大气污染物排放标准》，更可以满足 GB 9078—1996《工业炉窑大气污染物排放标准》。

2. 油罐呼吸排放控制标准要求

油罐呼吸排放标准方面，目前主要有 GB 20950—2007《储油库大气污染物排放标准》、较早制定的 GB 16297—1996《大气污染物综合排放标准》、与油气储运密切相关的石油化工行业标准 GB 31571—2015《石油化学工业污染物排放标准》，以及一些地方标准如北京市的 DB 11/447—2007《炼油与石油化学工业大气污染物排放标准》。其中，GB 20950—2007 是输油站场应该主要执行的标准。GB 16297—1996《大气污染物综合排放标准》中也明确规定在其之后发布的国家大气污染物排放标准，其适用范围内的大气污染源排放要按新发布的行业性标准执行。

GB 20950—2007《储油库大气污染物排放标准》主要内容所在的第 4 和第 5 节，并没有关于储罐呼吸排放方面的限值。第 4 节只规定了储罐发油时配套的油气回收装置（用于回收储罐呼吸排放的油气）排放浓度应小于 $25g/m^3$，同时油气回收率达到 95% 以上，且其描述的场景更像是储罐对油罐车发油时的情况，但传递的信息是储罐应配有针对其呼吸排放的油气回收装置。第 5 节又规定了存储汽油的油管应为浮顶罐，以及浮顶罐的密封形式。整个标准只涉及汽油，对柴油、原油没有提到。因此，该标准针对站场储罐呼吸排放的适用性值得商榷。

其余的两项石化行业的国标和北京地方标准都有针对石化行业储罐油气或挥发性有机物排放的规定和限值。其核心是：对于蒸汽压大于 76kPa 的有机液体，应采用压力储罐；对蒸汽压<76kPa 左右的有机液体可采用浮顶罐和固定顶罐，采用浮顶罐要配套相应的密闭结构、采用固定顶罐要配套有机废气回收装置，回收装置排放的有机气体浓度≤120mg/m^3。目前站场上接收的汽油其在 37.8℃的饱和蒸汽压在 50kPa 左右，超过 85kPa 即为不合格油品。所以可以采用浮顶罐和固定顶罐存储，并配套相应的密封和油气回收装置即可。

3. 废气处理的基本方法、工艺流程

输油气站场适用的废气处理技术，除了前面提到的大幅减少压缩机组氮氧化物排放的 DLE 燃烧技术，还包括脱硫、脱硝、除尘等技术，以及三者串联的一体化的脱硫脱硝除尘技术。目前在输油气站场还没有应用案例，但在火电行业应用广泛。输油站场上废气排放超标最为严重的是颗粒物。因此，首先介绍除尘技术。

4. 主要处理设备装置的原理、结构、操作和维护方法

颗粒物的燃烧后处理即利用除尘装置处理，除尘技术就是利用两相流动的气固或液固分离原理（包括重力分离、惯性力分离、离心力分离、库伦力

分离、水膜除尘和过滤）捕集气体中的固态或液态颗粒物。常用的除尘装置有机械式除尘、湿式除尘、静电除尘、过滤式除尘、袋式除尘以及其他除尘新技术，各除尘技术的站场适用性分析如下：

机械除尘装置，如旋风式分离器，适用于净化密度和粒径较大的金属或矿物性粉尘，但对粒径小于 $1\mu m$ 小尘粒分离效果较差，而燃油锅炉烟气中 $1\mu m$ 以下的颗粒物占 90%，所以不能单独用于燃油锅炉烟气的除尘，但可作为预除尘从而减轻后续除尘器的负载。

电除尘装置，能有效地收集到小尘粒，除尘率可达 95% 以上，但因烟尘含有油滴，且附着性较强，采用电除尘，烟尘易黏附在电极上，造成电极肥大，减弱电场的强度，捕集烟尘能力下降，影响电极正常工作，因此难以达到预期的效果，同时由于烟气中含有油气，这就使静电除尘存在严重地安全隐患，因此不适合应用于站场燃油锅炉的除尘。

湿式除尘器需用大量的水，若除尘装置间断运行，冬季容易冻坏设备，影响锅炉的正常运行，另外若采用湿式除尘，系统中必须配有沉淀池，且还需要考虑除尘过后对污水的处理，不仅增加了工程造价，污水处理费用也相应增加，因此不适用于站场燃油锅炉的除尘。

新式除尘技术，包括电袋复合除尘技术、聚并技术、湿式电除尘技术、旋转电极技术、高频电源技术在内，投资较高，目前国内外应用较多的企业为电厂大功率的燃煤锅炉，应用于燃油锅炉的先例很少，技术相对不成熟，若应用于较分散的站场，可靠性难以确保。

袋式除尘器在除尘方面应用较广泛，技术成熟，稳定性可达 99.9%，可满足高标准排放的要求，且不受燃料、炉况及烟尘参数条件的影响，采用PPS、P84、PTEE、超细玻纤等多种纤维、多种织造方式的高性能滤料，可确保滤袋具有 3~4 年或更长的使用寿命。因此，与其他除尘技术相比具有节省投资、技术简单、维护方便、稳定性高等特点，满足站场燃油锅炉对除尘的要求，所以较适合站场应用。

但即使是袋式除尘技术，也需要根据燃油锅炉烟尘的特性进行除尘装置的设计。燃油锅炉的烟尘主要由油滴、沥青、炭黑及杂质组成，成分复杂，经过烟尘取样分析后，得出烟尘的组分见表 4-14（数据来源于除尘器设备制造厂家）。烟尘中含油气为 0.1%~0.2%，含量较低，粉尘粒径较小，但在烟尘中所占比例大，约为 90%，因此选取的除尘装置需在正常运行时，具有有效捕集小粒径粉尘的作用；粉尘的附着力为 600~800Pa，而以煤为燃料的粉尘附着力在 300Pa 左右，这说明当粉尘中含有少量油滴时，粉尘具有易粘连的特性，因此，需选择的除尘装置，必须能防止粘连。同时，锅炉在进行起炉、不稳定工况或进行切换流程操作时，会导致烟尘的瞬间排尘浓度升高、易冒黑烟、因此除尘装置必须具有很好的负荷适用性。另外，除尘装置是在现有锅炉的基础上改造，要求尽量减少设备的流动阻力，不影响锅炉的性能指标，并要求方便操作、易于检修、投资低且便于推广。因此，应选取适用的除尘装置，使锅炉在任何情况下排向大气的烟气都符合标准要求。

表 4-14　烟尘组分

含油气成分（%）	粉尘粒径（μm）	炭黑粒径（μm）	密度（g/cm³）	粉尘的附着力（Pa）
0.1~0.2	0.05~1	100~3×10⁴	1.02	600~800

为此设计了集装式高效除尘器，其特点是：

（1）选用离心式大口径引风机作为除尘器的配套设备，确保除尘器能满足锅炉的烟尘引风量；

（2）采用二级除尘技术，预沉降室、滤袋室与进出风口隔板一体组合技术，较大颗粒灰尘先经过预沉降，同时进行滤袋清灰，使两级除尘同时进行；

（3）采用电磁振动下灰器，克服了分室吹清灰强度不够、脉冲喷吹清灰和过滤不能同时进行的缺点；

（4）采用新型耐高温、防油、防黏结、透气性好的滤料材料，并采用温度控制技术延长滤袋的寿命；

（5）选用 PLC 控制器，变频器、电动阀门等设备将除尘器和锅炉组成完整的处理系统，实现锅炉运行过程的全自动控制。集装式高效除尘器整套系统主要有进出口管道、涡街流量传感器、变频引风机、过滤室、电磁振动下灰器、气流喷吹系统等组成，其结构及工作原理图如图 4-4 和图 4-5 所示。

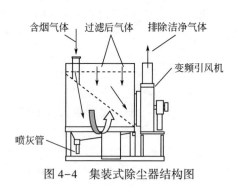

图 4-4　集装式除尘器结构图

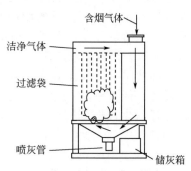

图 4-5　除尘器工作原理图

锅炉在启动运行时，锅炉炉膛内微正压运行，通过加装在烟筒下部的涡街流量传感器检测到有烟气流量时，启动除尘器，同时针对锅炉的排烟流量实时检测，并通过 PLC 控制变频调控引风机流量的大小，让其同锅炉排烟量保持平衡运行。烟气经除尘管线吸入除尘器过滤室，经过滤袋过滤后洁净气体汇集到出风管，随引风机排向大气，过滤掉的灰尘和滤袋表面的灰尘，在喷吹气流的作用下落入灰斗并经卸料器通过灰管喷入灰箱。

集装式除尘器可处理 230℃ 的烟尘，一般锅炉正常运行负荷下排烟温度应该在 220℃ 以下，设备可处理 230℃ 的烟气，且瞬时可达 250℃，不仅留出 5% 的富余量，而且可满足工况突变的情况。引风量可达 20000～22000m³/h，使用环境温度为 -40～45℃，满足各省一年四季的温度变化，除尘效率可达 98% 左右，以 GB 13271—2014 为设计标准，理论上经除尘器处理后的烟气颗粒物浓度可降至 60mg/m³ 以下，运行稳定，维护简单。

某集装式除尘器技术参数如表 4-15 所示。

表 4-15　某集装式除尘器技术参数

站名	输油站
过滤面积（m²）	166
过滤风速（m/min）	1.0～1.2
引风量（m³/h）	20000～22000
设备内阻（Pa）	1650～1950
壳体承受负压（Pa）	8600
漏风率（%）	0.3
环境温度（℃）	-40～45
烟尘温度（℃）	230，瞬时 250
除尘效率（%）	98±0.5
滤袋材质	耐高温 250℃（瞬间 280℃）纤维滤料，拒水防油处理
烟尘排放浓度（mg/m³）	<60

目前，管道公司站场锅炉的除尘装置配备时间不长，仅进行过试运行，表 4-16 是 2016 年管道公司污染物监测结果。站场燃油锅炉在加装烟气除尘装置后，颗粒物排放达标，而未加装之前的数据为 80～110mg/m³。图 4-6 为林源站除尘装置图。

表 4-16   2016 年管道公司站场锅炉废气污染物监测数据

	燃油锅炉 （加装除尘装置后）		燃气锅炉	
	标准	实测值	标准	实测值
颗粒物（mg/m³）	60	40~50	30	0.2~8.9
SO_2（mg/m³）	300	180~269	100	14~94
NO_x（mg/m³）	400	214~328	400	64~134
烟气黑度 （林格曼黑度，级）	≤1	<1	≤1	<1

图 4-6   林源输油站除尘装置图

　　管道公司加热炉配备除尘装置的时间就比较长，从 1999 年首次在大兴输油站安装除尘装置以来，专业公司范围内应用的除尘装置已经经历过十余次更新。最先进的除尘装置为集装式智能控制除尘器，它已从最初的需人工用编织袋接灰斗流下来的灰尘，更新到气流自动将灰尘吹入储灰池中，是专为燃油加热炉、炼油炉专门研制设计的具有拒水防油、防黏结、耐高温等特点的装置，可配套 PLC 控制器、电动阀门、管道等辅助设备将除尘器和加热炉组成完整的烟尘处理系统，可根据要求增加自动控制吹灰器程序，实现加热炉运行过程中的吹灰、除尘全自动控制。这不仅保证了装置的除尘效率，而且灰尘不易被吹落到地面，保证了站场的清洁。该装置通过引风机的强大吸力，含尘气体通过设备管道吸入设备过滤室，含尘气体经过滤袋过滤后洁净气体汇集到出风管，随引风机排向大气，过滤掉的灰尘及滤袋表面的灰尘在强大喷吹气流的作用下，落入电磁振动送灰器，由不锈钢振动板的不断振动使灰尘连续不断流向下灰口，然后通过气流喷吹将灰尘喷吹至储灰池。

　　但是，在除尘装置正常运行的情况下，站场加热炉烟气的各项指标虽然可以符合 GB 9078—1996《工业炉窑大气污染物排放标准》，但在运行过程中仍存在一定的问题，总结有以下几点：

（1）为了节省成本，有多台加热炉的站场只配备了一台除尘装置，当两台及两台以上加热炉同时运行时，除尘装置只在加热炉吹灰时切换运行，即"多对一"模式。

（2）除尘装置滤袋更换不及时。站场加热炉配备的为滤袋式除尘器，在正常工况运行下，为了保证较高的除尘效率，滤袋需 3~4 年更换一次，最长不能超过 5 年，但在实际运行过程中，部分站场的除尘装置投产较早，大多在 5 年以上，有些甚至已使用了 10 年，运行期间未出现过大的故障，所以滤袋一直在使用，更换不及时。

（3）设备维护不及时。一般每 6 个月设备需要维护一次，但大多数站场因设备未出现大的问题而一直使用。

（4）站场未安排专门的工作人员进行巡视检查，站场除尘设备是间歇运行，一般为每天 2~3 次，正常运行时装置需要定期巡检，但站场未专门安排，因此对设备的一些小故障不能第一时间发现并及时上报。

（5）站场人员培训不及时，操作人员操作不到位。站场只在设备调试时，对操作人员进行过一次培训，大多数人员只会简单的操作，有时会因为操作不到位，使球阀密封不严，导致球阀内部集水，冬季易结冰，损坏设备，同时烟气含有微量的硫，若球阀内部集水，遇硫形成酸性水，有腐蚀性。

针对上述问题，现提出以下建议，从而确保除尘效率：

（1）对站场上两台及以上两台加热炉共用一台除尘装置，只在吹灰时运行除尘装置的情况，建议增加除尘装置，确保每台加热炉都能配备一台除尘装置，即"一对一"模式，使除尘装置连续运行，保证加热炉烟气达标排放。

（2）两年以上未对除尘装置进行过维护检修的站场须对装置进行一次检修，更换已损坏的辅助设备，并对装置进行重新调试，以保证高效的除尘效率。且站场需建立除尘装置维护与检修体系，至少 1 年进行一次维护，保证装置各辅助设备能正常运行。

（3）编写除尘装置的操作规程，并对各站场技术人员进行集中培训，确保装置在运行过程中，不会因为操作原因而导致设备的损坏。

（4）在装置运行期间，增加巡视人员，检查装置的运行情况，若日常运行中出现故障必须及时通知生产厂家进行维修。

除了废气中颗粒物的去除，目前也应适当关注输油站场废气中 SO_2 和 NO_x 的排放控制技术。首先，从已有的检测数据看，目前站场锅炉、加热炉也存在排放的情况，其次部分地区如东北地区站场输送高含硫俄油的比例越来越大，其设备若使用俄油为燃料，必将造成烟气中 SO_2 含量大幅升高，最后一些地区如京津冀可能会制定较为严格的废气污染物排放标准，这也有可

能导致 SO_2 和 NO_x 的排放浓度超标。只是目前看站场锅炉加热炉烟气中 SO_2 和 NO_x 的排放浓度超标风险不大。

目前，脱硫脱硝技术正在快速发展当中，最完整的方案可以同时包含脱硫脱硝和除尘。图 4-7 为 GE 公司的一体化脱硫脱硝除尘方案。其中对 NO_x 的控制采用燃烧改进和 SCR 技术，对 SO_2 的控制使用湿法脱硫或更先进的其他脱硫方法，对烟尘使用滤袋或静电除尘。当然，也可以根据实际需要，使装置仅具有其中的一项或两项功能。目前，我国环保领域的一些上市公司也可以提供类似从方案设计、装置建设到运行维护的整套方案。

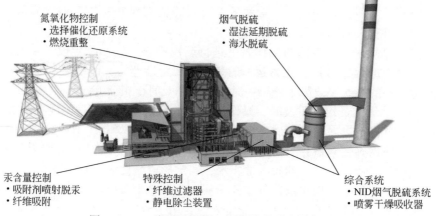

氮氧化物控制
• 选择催化还原系统
• 燃烧重整

烟气脱硫
• 湿法延期脱硫
• 海水脱硫

汞含量控制
• 吸附剂喷射脱汞
• 纤维吸附

特殊控制
• 纤维过滤器
• 静电除尘装置

综合系统
• NID 烟气脱硫系统
• 喷雾干燥吸收器

图 4-7　GE 公司展示的一体化脱硫脱硝除尘方案

5. 常见问题及其对策

当前站场大气污染物处置遇到的常见问题可行的解决对策或方法如下所示。

（1）针对燃驱压缩机组 NO_x 排放速率在任何工况下超标的问题，可根据燃驱压缩机组的运行特点、功能定位、燃料消耗水平、燃烧技术水平和废气排放水平，起草适用于站场燃驱压缩机组废气排放的行业标准；在排放浓度限值上对现有压缩机组采用现行国家标准 GB 19297—1996《大气污染物综合排放标准》规定的限值，对未来新装压缩机组则参照燃气轮机组的主要应用行业标准 GB 13223—2011《火电厂大气污染物排放标准》以及中亚管道 DLE 燃驱压缩机组历年废气排放监测结果制定；在排放速率方面不再做出限值。

（2）针对燃驱压缩机组 NO_x 排放浓度在高转速下超标的问题，有以下对策：

① 在新建机组和更新机组时选择具有 DLE 技术的燃驱压缩机组或电驱压

缩机组。

②积极与节能服务公司开展余热发电项目。燃驱压缩机组排烟温度高达400~500℃。将烟气中热能用于驱动发电机组和锅炉，对间接提高燃气轮机效率、实现节能减排目标具有重要意义。目前，已有燃驱压缩机站场与节能服务公司开展了余热发电项目合作，将电能销售，合作双方根据协议获得电能销售利润的分成。无论哪种方式，均充分利用了废气热能，获得了较好的环境效益和一定的经济效益。同时，从环保角度看，原高温压缩机尾气作为工作气体进入余热发电企业，降温后由余热发电企业排向大气环境，应记为余热发电企业排放量，并适用其排放标准；当然，相关认定应征得当地环保主管部门认可。

③在上述两项对策无法达成的情况下，应在详细的技术经济必选的前提下考虑加装烟气脱硝设备设施。

（3）站场加热炉较早配备了除尘装置，但存在最大的问题是仅在吹灰时开启。这种运行方式可以满足 GB 9078—1996《工业炉窑大气污染物排放标准》的要求，但无法满足 GB/T 13271—2014《锅炉大气污染物排放标准》对颗粒物排放的要求。建议增加除尘装置，确保每台加热炉都能配备一台除尘装置，即"一对一"模式，使除尘装置能够连续运行。

（4）"油改气"和脱硫脱硝除尘技术均可以解决输油站场锅炉、加热炉的废气污染物排放超标问题。但脱硫脱硝除尘技术势必增加装置投资和运行维护成本；"油改气"以目前的原油和燃气价格看，也不具备经济性。

第五节　输气站、输油站噪声污染管控

一、输气站、输油站厂界噪声来源分析

1. 输油站场主要噪声源

输油站是输油管道的重要组成，担负着接受外来原油和外输原油的任务，较大的输油站分为罐区、生产区和生活区三部分，罐区即储油罐，目前大多为浮顶油罐；生产区包括输油泵机组、加热炉、锅炉、高、低压泄压阀、调节阀和变电所等，噪声主要产生在生产区，包括泵机组、加热炉和锅炉、变电所、空压系统、管道线路噪声等。

1）泵机组噪声

输油泵机组的噪声主要是输油泵、电动机等设备产生的。输油泵的噪声主要是机械噪声，它是输油泵在正常运转时，各部件间的摩擦力、撞击力和非平衡力等使机械部件和壳体产生无规律震动而生产的。另外，输油泵产生的噪声还包括内部流动诱导噪声，它主要是由输油泵内部非稳定流动所引起的。汽蚀是引起流动诱导噪声的主要原因，输油泵进口流速和压力分布不均匀，泵进出口工作液体的压力脉动、液体绕流和脱流，以及非定额工况等都会引起泵的汽蚀。再者，输油泵的启动和停机、阀门启闭、工况改变以及事故状态的紧急停机等动态过渡过程会造成输油管道内压力急剧变化，从而引起震动，产生噪声。

电动机的噪声包括三部分：机械噪声、电磁噪声和空气动力噪声。机械噪声主要就是由转子和轴承的振动产生，此外电动机的电刷和滑环或换向器摩擦也会产生机械噪声。电动机的电磁噪声，主要是电动机中周期变化的径向电磁力或不平衡的磁拉力使贴心发生磁致伸缩和振动引起的，此外它还和定子、转子本身的振动特性有关。空气动力噪声，是风扇、旋转的转子和气流沿风路流动时形成的气流噪声。

2）加热炉和锅炉噪声

加热炉和锅炉的噪声主要是由鼓风机产生的，包括：空气动力性噪声、机械噪声。对鼓风机来说，前者是由气体的运动、气体之间以及气体与固体边间相互影响所引起的噪声；后者来源于其部件的振动，包括风机的轴承噪声、叶轮不平衡引起的受迫振动噪声以及机器的固有振动噪声，当这两种频率一致或成整数倍时，此频率上的声压级便会增大，导致整体噪声提高，所以对转速较高的风机来说，做好叶轮的动平衡是降噪的重要措施。

噪声强度上，根据现场测试数据，输油泵机组噪声强度为 77~92dB（A）；锅炉、加热炉噪声强度为 71~84dB（A）；输油站厂界噪声强度为 40~60dB（A）。

2. 输气站场主要噪声源

输气站场的噪声声源包括：压缩机组、汇气管、计量系统、空气压缩系统、阀门及调压系统、放空系统等。

1）压缩机组噪声

输气站场燃驱压缩机组主要由天然气发动机和由其带动的离心式压缩机组成，附带空冷器为压缩后的高温天然气降温。这些设备都产生机械噪声和气体动力噪声。

天然气发动机的气体动力噪声包括排气噪声、进气噪声。排气噪声是由高压燃烧气体排出的压力脉动气流以及在排气管中向大气高速排放时的强烈压力波所引起的，是动力缸噪声中最强的噪声，它的频谱具有明显的低频特性，但中频和高频噪声也达到相当高的程度。进气噪声主要为进气空滤器处压力波动产生的基频噪声及其各次谐波噪声，以及流经进气口截面时产生的宽带涡流噪声。发动机的进气噪声一般比排气噪声低 10dB（A）左右，通常不是主要噪声源。发动机的机械噪声是机件之间产生相互摩擦、撞击产生的噪声，以及不平衡惯性力引起的机体振动噪声等。其强度一般弱于空气动力噪声。

压缩机部分的噪声与发动机部分类似。空冷器噪声也主要是气体动力噪声，且其噪声强度显著小于压缩机组噪声，在 70~80dB（A）。

2）汇气管、计量系统、调压系统噪声

这一类噪声主要因气体在传输过程中，由于管径变小或节流作用，造成天然气流态和压力发生变化，进而产生涡流和湍流，而涡流和湍流因自身运动的特点，会引起搅动、冲击以及与管壁摩擦，产生流体动力学噪声。

需要特别指出的是调压阀的噪声，当调压阀因材质、设计、加工工艺以及装备质量等存在一些漏洞有天然气通过时，会使阀芯振动产生位移，气体会因所受的压力不稳而发生波动，进而产生噪声。

3）放空系统噪声

天然气在输送的过程中，需要对输气管道进行定期清管和放空，或者在站场检修、系统超压时，也需进行放空，在放空时，会产生瞬时强噪声，尤其是点火放空在大风天的噪声会对站场周围的居民有一定影响。

在噪声强度上，压缩机组噪声为 100dB（A）左右；调压橇噪声为 62~102dB（A）；汇管噪声为 66~106dB（A）；输气站厂界噪声为 40~80dB（A）。

二、输气站燃驱压缩机组及其附属设施噪声控制

1. 燃驱压缩机组及其附属设施噪声控制的原理

对于压缩机组及其附属设施的气动力噪声，治理的根本办法是在进排气位置安装消声器。许多压缩机组在出厂时就已附带消声器，但消声效果往往不能满足环保要求。而增加或更换消声器又涉及非常专业的技术问题和站场工艺改造。因此，从噪声源处抑制噪声较为困难。同样，从源头控制机械噪声也较困难。在压缩机组装配时提高旋转主轴平衡精度，提高各机件配合精度，可大大降低由于装配不平衡所激起的整机振动进而产生的噪声。

2. 主要噪声控制技术方法

从噪声传播路径上采取措施控制噪声是目前较为可行的对策。主要技术手段有：为压缩机厂房增加吸隔声屏障或结构、为震动较大管道隔垫橡胶或

建设隔减振平台。

目前，噪声控制效果最好的吸隔声结构如图 4-8 所示。

图 4-8　吸隔声结构

表面为穿孔板，向下依次是多孔吸声材料、空气层、墙面（或其他刚性面），这种结构隔声量高（约 30dB（A）），能同时吸收从低频到高频的噪声。将这种结构布置于厂房的墙壁，可大幅减少噪声向厂房外投射，从而降低厂界噪声。图 4-9 为布置有吸声结构的设备厂房。

图 4-9　有吸声结构的设备厂房

当然，压缩机组的噪声仅导致小段厂界噪声超标，也可只在超标厂界处建设吸隔声屏障。这种形式的最常见实例为高速公路或铁路上为防止扰民而建设的吸隔声屏障或结构，如图 4-10 所示。

对于个别管路系统由于安装、固定不当，从而在运行过程中产生较大振动和噪声的情况，可考虑为其建设隔减振平台。图 4-11 所示为水泵建设的隔减振平台。图 4-12 所示为用在隔减振平台上的各种不同类型的减振器。

图 4-10　吸隔声屏障

图 4-11　水泵隔减振平台

图 4-12　不同类型的减振器

三、输油站泵机组噪声控制

输油泵机组的噪声主要是电动机冷却风扇运行导致的气动力噪声，这种噪声若要从源头上控制，则需要改变电动机的机身结构参数，加装进排气消声器也需要对电动机进行一定改造，所以只有从噪声传播途径上控制噪声。具体措施除了使用吸隔声屏障或结构外，由于输油泵相对于燃驱压缩机组相对较小的体积与发热量，可为其量身建造由吸隔声结构板材、隔声门窗、进排气消声通道等组成的隔声罩。这种隔声罩在有效控制噪声外传的同时，能够兼顾散热、采光等需要，如图4-13所示。

图4-13　输油泵机组隔音罩

输油泵的噪声控制问题目前主要存在于投产时间较早的输油站场，这些站场上服役的输油泵机组往往型号与技术都较为老旧，运行噪声较大。一些较新管线（如兰郑长成品油管道）上运行的输油泵机组，其运行噪声在70dB（A）左右，50m外基本听不到运行噪声。由此，也可以看出石油装备技术这几年来巨大的进步。

四、输气站、输油站厂界环境噪声监测技术与管理要求

简要介绍输油气站厂界环境噪声监测技术与管理要求。

厂界噪声参照 GB/T 12348—2008《工业企业厂界环境噪声排放标准》测

定。其主要规定如下：

在测量仪器方面，需使用检定合格，并在有效使用期限内的声级计；声级计的时间计权特性设为"F"挡，采样时间间隔不大于1s。

测量条件方面，应尽量在无雨雪、无雷电天气，风速为5m/s以下时进行测量。应在被测声源正常工作时间测量，注明当时的工况。

应在厂界上布设多个测点，包括距噪声敏感建筑物较近及受被测声源影响大的位置。

测点位置一般应选在厂界外1m、高度1.2m以上、距任一反射面距离不小于1m的位置；当厂界有围墙且周围有受影响的噪声敏感建筑物时，测点应选在厂界外1m、高于围墙0.5m以上的位置；当厂界设有声屏障时，应在受影响的噪声敏感建筑物户外1m处另设测点。

测量时段方面，分别在昼间、夜间两个时段测量。夜间有频发、偶发噪声影响时同时测量最大声级。

测量记录方面，记录内容应主要包括：被测量单位名称、地址、厂界所处声环境功能区类别、测量时气象条件、测量仪器、校准仪器、测点位置、测量时间、测量时段、仪器校准值（测前、测后）、主要声源、测量工况、示意图（厂界、声源、噪声敏感建筑物、测点等位置）、噪声测量值、背景值、测量人员、校对人、审核人等相关信息。

第六节　输气站、输油站生活污水管控

一、输气站、输油站生活污水来源分析

站场废水主要包括生活废水和含油废水两类，生活废水是站场人员日常生活使用后产生的，含油废水来源于罐底切水、罐区装置区初期雨水等，本节主要以站场生活污水为研究对象，管道站场的环评中要求的生活废水排放方式一般为处理达标后回用站场绿化或蒸发池自然蒸发，不允许直接就地外排，目前，站场对生活废水一般采用地埋式A/O废水净化装置，由粗格栅、沉淀池、厌氧池、生化池、二次沉淀池、清水池和通风系统等组成。

二、输气站、输油站生活污水控制技术

1. 站场生活污水控制依据

长输管道站场污水处理与排放部分并无固定规范或标准，一般根据当地政策及环评报告要求选择相应规范。主要包括《污水综合排放标准》（GB 8978—1996）、《室外排水设计规范》（GB 50014—2006）、《建筑给水排水设计规范》（GB 50015—2003）、《压力容器［合订本］》（GB 150.1～GB 150.4—2011）、《水处理设备 技术条件》（JB/T 2932—1999）、《水处理用刚玉微孔曝气器》（CJ/T 263—2018）、《微孔曝气器清水氧传质性能测定》（CJ/T 475—2015）、《水处理用橡胶膜微孔曝气器》（CJ/T 264—2018）、《水处理用溶药搅拌设备》（CJ/T 3061—1996）、《生物接触氧化法生活污水净化器》（JB/T 6932—2010）、《潜水排污泵》（CJ/T 472—2015）、《输油管道工程设计规范》（GB 50253—2014）、《输气管道工程设计规范》（GB 50251—2015）、《通用用电设备配电设计规范》（GB 50055—2011）、《机电产品包装通用技术条件》（GB/T 13384—2008）、《电力装置的继电保护和自动装置设计规范》（GB/T 50062—2008）、《钢制焊接常压容器》（NB/T 47003.1—2009）、《碳素钢结构》（GB/T 700—2006）、《标牌》（GB/T 13306—2011）、《钢制管法兰 技术条件》（GB/T 9124—2010）、《钢制管法兰 类型与参数》（GB/T 9112—2010）、《钢制阀门 一般要求》（GB/T 12224—2015）、《工业阀门 供货要求》（JB/T 7928—2014）、《环境影响评价报告》等。

作为设计依据，大部分环评报告对站场生活污水处理提出的要求与实际情况存在一定差异，对后续处理设施设计造成诸多不便。比如，对于污水最终处置均泛泛要求场内绿化，但对大多数站场无法实现，长输管线站场多地处偏远，很多站场位于平原区或农田区，周边无排水条件，站区绿化较少或受气候影响无法以绿化方式消耗全部处理出水，处理后的水也只能储存等待拉运。因工作原因，大多数工程设计人员未能参加设计回访活动，对于站场建成后的运行情况了解不足，无法针对性提出改进措施。

由于缺乏统一适用的质量标准，市面上一体化处理装置的质量参差不齐，有些厂商为了降低造价，往往采用减小设备箱体厚度、降低原材料标准等手段，以应对低价中标。结果会造成设备运行中出现跑冒滴漏现象，甚至造成坍塌安全事故。

2. 站场生活污水处理装置

管道站场对生活污水的处理一般依托于一体化污水处理装置。一体化污水处理装置多采用接触氧化技术，这是一种兼有活性污泥法和生物膜法特点的废水生化处理法，生物接触氧化中的生物填料需要较为持续的营养供给。接触氧化曝气池填料寿命一般为 5 年，站场建设从施工到建成交工需 2~3 年，到验收完毕投入使用时填料多已过期，由于站场对装置的维护程度不够，过期填料无人更换，设备无法发挥处理作用，出水难达标。

一体化装置出水浊度不达标，需要后续增加过滤设施，过滤设备需要频繁反洗，若反洗强度不够，过滤设备使用一段时间后失效，但在站场对过滤设备的维护反洗不够，因此极易导致出水悬浮物超标。

3. 站场生活污水处理常见问题

1) 污水量不足，处理设施无法正常运行

油气站场工作人员生活用水标准统一按照 200L/（人·d），污水产生量按照生活用水额度的 90% 计算。例如西南地区某油气分输站定额 8 人，设计时污水量为 1.44m³，但实际站场最大值班人数为 5 人，因此实际污水产生量为 0.9m³，同时又因为人员生活习惯不同、站场值班人数不足、污水管线渗漏等因素，实际污水量会更少，这就造成设计污水量远远大于实际收集的污水量，进而造成污水处理装置规模大于实际污水量，处理装置不能稳定运行。

同时，站场各自的特点导致每个时段生活污水产生量不同，生活污水排放极不均匀，为解决此问题，一般在化粪池后设调节池，由调节池水位控制一体化污水处理装置进水泵的启闭，水量过低时设备会停止运行。间断供水使接触氧化池内菌种由于得不到持续营养供应死亡，造成设备处理效果下降甚至失效。

一体化处理装置供应商虽然可提供 0.5~1.0m³/h 规模的装置，但实际上小型的一体化装置或利润低或运行不易稳定，供应商不愿意生产，这也是造成装置规模大于实际污水量的一个重要原因。

2) 站场人员应急经验不足

站场设备操作人员基本不具备污水处理专业知识，经过培训后，仅能胜任设备基本操作，站场处理设备运行主要依赖设备的自控系统，若遇突发变化，工作人员无法进行针对性调整，例如工作人员无法根据厌氧菌或好氧菌的形态来调整进水量。

3) 处理设备不具备除磷功能

由于采用 A/O 工艺形式且无剩余活性污泥排除，处理设备基本不具除磷功能，存在总磷指标处理不达标隐患。目前，石油单位多数分输站生活禁止使用含磷洗衣粉或洗涤用品，以避免含磷量超标问题。

4）寒冷地区设备保温问题

寒冷地区冬季温度过低，易导致菌种死亡、水管冻裂，从设计角度看，多数设备并未采取特别的保温措施，都是将设备深埋于冰冻线以下或覆土保证覆土厚度，此法具有较好的保温效果，但增加了设备维护难度。

4.站场生活污水处理技术发展方向

通过与典型站场、设计单位及装置生产厂家的调研和技术交流，总结出目前石油单位现有污水处理装置运行的问题：（1）调研的站场中，半数以上未设置一体化装置，40%的站场将处理后的水排入渗井，存在环境污染隐患；（2）装置设计、验收标准不明确，导致市面装置质量参差不齐，在运行过程中会造成跑冒滴漏的现象；（3）对设备的生物填料及过滤设施维护不到位，导致填料及过滤设施失效；（4）污水量较小，导致菌种死亡，生物填料失效；（5）站场人员应急经验不足；（6）A/O工艺不具备除磷功能，总磷指标存在超标隐患；（7）寒冷地区设备保温问题突出。为进一步解决这些问题，需根据站场实际情况，研究油气管线站场生活污水处理技术方案，根据站场规模和实际情况，将站场分级，按级别选择合适的处理方式或工艺，使处置过程及出水指标达到新环保法和标准的要求。

第七节　输气站、输油站危险废物合规管理与风险控制

一、输气站、输油站危险废物来源分析

研究人员选取某管道公司原油输送站场、成品油输送站场、天然气输送站场及高储量原油罐站场等典型站场12座，通过对站场的现场调研、相关数据的采集与分析、文献资料的收集与研究、专家及站场技术人员的技术交流等，总结得出油气管道站场危险废物主要分为泄漏油品、废弃润滑油和含油废物3类。

1. 泄漏油品

泄漏油品包括泄漏的原油和成品油，主要产生于油罐清洗作业，倒罐作业，阀门渗漏，阀门失效泄漏，新装阀门泄漏，密封失效泄漏，正反输流程切换中的泄漏，因腐蚀、磨损冲刷、地质变化、意外破坏、管道材质或焊接缺陷等原因导致管道破裂或技术型泄漏、清管作业，各种维抢修作业，油品

预处理作业，输油泵正常渗漏，取样、装车等管内管外倒换作业的泄漏，事故泄漏等。此类危险废物具有数量巨大、危险程度较高、收集困难等特点，急需制定相应的标准、管理规范、收集流程、操作作业指导书等用以规范现场作业过程，保障站场生产安全和人员生命安全。

2. 废弃润滑油

废弃润滑油主要包括压缩机、输油泵等高磨损性设备定期更换下来的废弃润滑油。废弃润滑油产生的原因主要有两点：一是在使用中混入了水分、灰尘、其他杂油和机件磨损产生的金属粉末等杂质，导致颜色变黑，黏度增大；二是润滑油高于使用生命周期后逐渐变质，生成了有机酸、胶质和沥青状物质。根据《中华人民共和国固体废物污染环境防治法》《危险废物经营许可证管理办法》《危险废物转移联单管理办法》等规定，废润滑油、柴油、重油等均属于国家规定的危险废物。产生危险废物的单位和个人，必须向环境保护行政主管部门申报危险废物的种类、产生量、流向、储存、处置等有关资料，并按国家有关规定处置危险废物。从事危险废物收集、储存、处置危险废物经营活动的单位，必须向环境保护行政主管部门申请领取经营许可证。由省级环境保护行政主管部门办理。废弃润滑油具有产生周期固定、数量巨大、收集技术成熟、收集方式简单易行、运输费用和处理再生费用高等特点，需要根据国家法律法规，结合站场设备的使用特点，制定安全、经济、可行的废弃润滑油处理技术方案和管理准则，保障处理作业的规范进行。

3. 含油废物

包括含油抹布、油坑油泥、原油污染土壤、清管产生的黑泥油蜡、清管器废弃橡胶片、洗罐含油废水、罐顶罐体冲刷含油雨水、各种设备废弃含油零件等。此类废物具有分布广、不易辨别、收集难度大、清洗困难等特点。一方面需要制定此类危险废物名目，用以区分和归类，另一方面需要制定相关作业指导书指导工作人员进行规范收集和储存，避免收集不彻底、收集过程中对人员的伤害和储存不当引起的燃爆危险。

二、输气站、输油站危险废物特点

管道站场危险废物易燃易爆、毒害性大、收集困难、分布广、难确定。

另外各个站场具有各种不同的现状，需区别对待。例如：（1）某些站场压缩机、输油泵数量较多，需针对废弃润滑油制定专门的收集、储存、运输措施。（2）某些站场罐区较大，储油能力较强，例如铁岭输油站，拥有 15 座油罐，$116 \times 10^4 m^3$ 的储油能力，在管道公司站队中是工作量最大、工艺最复杂的站。此类站场应定期对油罐进行脱水作业，对停运罐进行活罐、活线，定期对油罐设备维护保养，定期清洁站场；对"跑、冒、滴、漏、脏、缺"现象进行应急预案制定和定期演练工作，要害部位加密巡检次数，根据实际生产需求严格执行几级巡检制度；同时，由于特殊地理位置，每到汛期，铁岭站都对隔油池及排污系统进行定期排查，制定事故应急预案。（3）某些站场距离人口密集区较近，需制定随时产生随时处理的规定，避免危害站场工作人员及周边群众的生命安全。（4）某些站场具有一定的油品预处理能力，例如港枣成品油管线末站—枣庄输油站具备混油处理装置，应针对此类站场制定专门的管理规范。

另一个特点是应对危险废物管理的专业技术人员水平参差不齐。根据现场调研得知，目前站场危废管理人员多为安全员兼任，整体来说，其安全生产管理知识储备基本满足要求，但其针对危险废物管理的业务水平和技术水平尚无法完全满足要求。针对这一特点，需制备相应的培训制度，培训内容至少应包括危险废物鉴别要求、危险废物转移联单管理、危险废物包装和标识、危险废物运输要求、危险废物事故应急方法等。

三、输气站、输油站危险废物防治职责划分

为贯彻执行新环保法、新固废防治法及有关法律、法规，保护站场环境，规范站场危险废物处理方式，保障输油气管网的安全高效运行，应制定站场危险废物防治责任制度及管理规范相关文件。文件的具体内容应包括危险废物污染防治责任制度的设置、各级工作人员职责划分、申报登记制度及分类制度的设立等内容。

1. 职责划分总则

（1）遵循环境保护"预防为主，防治结合"的工作方针和"三同时"规定，做到生产建设与保护环境同步规划、同步实施、同步发展，实现经济效益、社会效益和环境效益的有机统一。

（2）公司负责人是危险废物污染防治工作的第一负责人，对全公司环境保护工作负全面的领导责任，并引导其稳步向前发展。

（3）设立以总经理为首、各部门领导组成的危险废物污染防治工作领导小组，对公司的各项环境保护工作进行决策、监督和协调。

（4）环保安全生产部是危险废物污染防治工作归管理部门，负责公司日常管理，并把目标和任务落实到相关责任单位。

（5）按照"管生产必须管环保"的原则，生产部对站场危险废物污染防

治工作负全面的领导责任；各站场必须把危险废物污染防治工作纳入本部门管理工作中。

（6）公司员工应自觉遵守国家、地方和公司颁发的各项环境保护规定，稳定生产装置长周期生产，减少生产过程中危险废物排放。

（7）各部门必须严格遵守国家和地方人民政府颁布的环境保护法律、法规、标准和要求；积极参加与公司有关的环境保护工程项目建设，并在业务上接受生产部的指导和监督。

（8）危险废物的收集、储存、转移、利用、处置活动必须遵守国家和公司的有关规定。

（9）危险废物转移单位不得转移没有转移联单或者与转移联单不符合的危险废物。

（10）公司应当制定环境保护应急预案，定期进行事故演练。发生危险废物污染事故或者其他突发性事件，公司应当按照应急预案消除或者减轻对环境的污染危害，及时通知可能受到危害的单位和个人，并及时向事故发生地环境保护行政主管部门报告，接受调查处理。

（11）根据生产实际情况，停车和处理紧急事故过程中，密切配合生产单位，安全、有效地处理好危险废物的回收与排放，杜绝环境污染事故的发生。

（12）对于新建、扩建、改建工程项目，公司应严格遵循《中华人民共和国环境影响评价法》和"三同时"制度，以及国家和地方政府最新颁布的相关规定，严格把关，防止新污染源产生。

（13）建立健全公司环境保护网络、档案，专人负责各类环境保护统计工作，承担资料、档案收集和整理，以良好的管理手段，促进环境保护工作。

（14）依照国家节能减排相关政策及要求，公司对节能减排成绩显著的单位和个人进行表彰和奖励。对违反规定，造成环境污染事故的单位和个人，将视其情节轻重，追究相关责任。

2. 人员职责划分

1）总经理危险废物污染防治工作职责

（1）总经理对公司环境保护和危险废物污染防治工作负全面的领导责任；负责公司环境保护职能机构的建设，指导和监督公司环境保护部门的工作。

审查和批准公司危险废物污染防治计划，并监督其实施，审查、批准公司环境保护管理制度、文件和各类报表。

（2）主持公司危险废物污染防治工作领导小组工作，对公司危险废物污染防治工作做出决策，确保公司生产建设与危险废物污染防治同步协调发展，做到经济效益、社会效益和环境效益的统一。

2）公司环保生产部主管领导工作职责

（1）在公司总经理的直接领导下，负责主持环境保护职能机构的日常工作，对公司总经理负责；组织公司职工学习和贯彻国家、地方环境保护法律、法规及有关规定、条例和决议，增强环境保护意识。

（2）全面了解和掌握公司资源综合利用、危险废物污染现状及其变化规律和发展趋势，及时向总经理汇报，提出相应的对策和建议；控制污染，发展生产；组织开展公司日常危险废物污染防治工作，建立健全档案、台账。

（3）编制和修订公司危险废物污染防治管理制度，并监督、检查、协调其实施。

（4）参加建设项目环境影响报告书（表）的会审、工程初步设计审查，监督、检查建设项目环境保护"三同时"的实施；参加工程竣工验收，防止新污染。

（5）组织危险废物污染事故调查，按"事故四不放过"原则，向公司提出调查报告和处理建议。

（6）组织开展公司危险废物污染防治宣传教育和保护业务培训，提高公司员工危险废物污染防治素质。

3）环境保护管理人员工作职责

（1）全面学习和掌握国家、地方危险废物污染防治保护法律、法规；在管辖工作范围内坚决贯彻执行国家法规、地方法规、上级有关保护规定和公司危险废物污染防治管理制度。

（2）了解和掌握管辖工作范围内的资源综合利用和污染物排放现状及其变化规律和发展趋势，及时向部门主管领导和有关部门提出对策建议，建立相应的档案、台账。

（3）参加编制和修订公司危险废物污染防治管理制度。

（4）管辖工作范围内建设项目环境影响评价报告书（表）的会审，工程初步设计审查，监督公司建设项目环境保护"三同时"的贯彻执行情况，参加工程的竣工验收，防止新污染源产生。

（5）参加污染事故调查处理，提出处理意见。

（6）参加业务技术培训和环境保护管理经验、技术交流，努力提高自身的业务水平和管理能力。负责对员工开展业务培训和技术培训，监督和指导其工作。

4）站长、站内环境保护负责人工作职责

（1）对本部门的危险废物污染防治工作负全面的领导责任，对公司总经理和环境保护部门负责。

（2）组织站场职工学习和贯彻国家环境保护法律、法规和公司环境保护管理制度，增强环境保护意识。

（3）把危险废物污染防治工作纳入生产、经营管理轨道，做到环境保护管理与生产管理同时计划、布置、检查、总结和评比；使环境保护和生产经营同步发展。

（4）组织学习公司的有关危险废物污染防治工作的规章制度，并严格执行。

（5）参加站场建设项目环境影响报告书（表）的会审及设计审查，监督执行环境保护"三同时"，防止新污染。对不执行"三同时"规定或达不到"三同时"要求的工程项目，有权拒绝接收和使用。

（6）主持站场环境保护管理、污染物治理工作，负责站场污染事故调查、处理，并将调查报告及处理意见及时报送公司环境保护生产部门。

5）基层员工工作职责

（1）在站场站长领导下，落实本站场日常危险废物污染防治管理工作，业务上接受环保管理的监督和指导。

（2）积极参加站场职工学习贯彻国家环境保护法律、法规和公司环境保护管理制度，不断增强环境保护意识。

（3）确保管辖范围内环境保护设施和主体装置同步运行。生产操作人员精心调控，严格控制工艺指标，不得乱排乱放而造成超标排放和环境污染事故；督促设备检修人员做好设备和污染物处理设施的维护保养，防止所管理设施泄漏和污染物流失。

（4）参加站场污染事故的调查处理，提出处理建议。

3. 部门职责划分

1）环保安全生产部门

（1）主持公司危险废物污染防治日常工作。建立管理网络、档案、台账，完善保护管理体系，监督各生产经营单位的污染物防治情况。

（2）完善环境监测体系，抽查全公司各类污染物排放情况。定期向主管环保局递交检测报告。

（3）把污染防治纳入生产管理、控制过程。对污染物处理设施的运行，必须与主体设施同时调度安排。

（4）对生产系统开车、停车和事故状态下的污染物排放要采取有效防范、应急措施，避免污染环境；当生产经营与环境保护发生矛盾时，生产安排要服从环境保护法律、法规的要求；不得把没有污染防治措施的工序或产品转移给其他企业。

（5）危险废物污染防治处理设施纳入生产设备管理程序，制定相应的、与动力、运行设备指标一致的考核指标，严格监督执行，减少跑、冒、滴、漏现象；对各类设备检修、大修，要确保污染物处理设施的检修质量，为生产经营服务。

（6）确保污染物治理与生产经营活动同时计划、布置、检查、总结和评比；加强生产过程控制，做到达标排放；对危险废物进行合理安排，进行密闭式储存，合理装箱，完善危险废物的台账记录工作，对不执行"三同时"规定或达不到要求的工程项目，有权拒绝接收和使用。

（7）参加建设项目环境影响报告书（表）的会审，监督建设项目环境保护"三同时"执行情况，负责新建、扩建、改建项目试生产报审工作。

（8）按"事故四不放过"原则，组织污染事故调查，编制环境保护考核指标，及时考核。

（9）组织贯彻和实施国家环境保护环保法律、法规及上级部门环境保护文件、条例和决议，不断提高职工的环境保护意识，促进环境保护与生产建设同步发展。

2）财务部门

（1）会同环保科编制公司危险废物污染防治计划、规划，统筹安排实施，使环境保护与生产建设同步规划、同步实施、同步发展。

（2）编制和审批环境保护项目补助资金计划，检查环境保护计划、规划执况情况。

（3）负责环境保护资金及环境保护项目补助资金的管理，做到专款专用，负责排污费缴纳工作；参加污染事故的调查处理，负责支付污染赔款和罚款。

3）生产部门

（1）负责环保设备，仪器、药品和备件等物资的供应工作，做好有毒有害物料的管理，防止在运输、储存和发放时逸散泄漏污染环境。

（2）完成回收物资及资源综合利用产品的运输、销售工作。

（3）危险废物按国家相关规定进行处置或处理，不得把可能产生二次污染的物料或产品转移给其他企业。

（4）合理转移危险废物，按转移联单制度进行，保管好转移联单。

四、输气站、输油站危险废物标志标识设置规范

危险废物标志是用于向人们提供危险废物产生、转移、储存和处置利用过程中可能造成危害的符号，具有提醒警示功能。产生、储存危险废物的单位及盛装危险废物的容器和包装物要按照《危险废物贮存污染控制标准》（GB 18597—2001）附录 A 的规定设置危险废物标志；收集、运输、处置危险

废物的设施、场所要按照《环境保护图形标志——固体废物贮存（处置）场》（GB 15562.2—1995）要求，设置危险废物警告标志。鉴于目前部分站场的危险废物储存、利用、处置场所标志不规范、不统一的现状，为了进一步规范站场危险废物标志，加强对危险废物储存、利用、处置场所及包装物、转运设备的监督管理，依据《中华人民共和国固体废物污染环境防治法》及相关标准，制定相关站场危险废物标志标识设置规范和指引。主要依据表 4-17 所列标准。

表 4-17　站场危险废物标志标识设置规范依据标准

标准或规定号	标准名称
GB 15562.2—1995	环境保护图形标志 固体废物贮存（处置）场
GB 18597—2001	危险废物贮存污染控制标准
GB 19217—2003	医疗废物转运车技术要求（试行）
HJ 1421—2008	医疗废物专用包装袋、容器和警示标志标准
环发〔2003〕206 号	医疗废物集中处置技术规范（试行）

1. 标志内容及规定

1）站场危险废物储存场所的警示标志

站场危险废物储存场所应当设置危险废物警告标志。具体设置要求是：

（1）危险废物储存设施为房屋的，应将危险废物警告标志（图 4-14）悬挂于房屋外面门的一侧，靠近门口适当的高度上；当门的两侧不便于悬挂时，则悬挂于门上水平居中、高度适当的位置上。

说明
(1) 危险废物警告标志规格颜色。
形状：等边三角形，边长 40cm；
颜色：背景为黄色，图形为黑色。
(2) 警告标志外檐 2.5cm。
(3) 使用于：危险废物储存设施为房屋的，建有围墙或防护栅栏，且高度高于 100cm 时；部分危险废物利用、处置场所

图 4-14　危险废物警告标志牌式样一（适合于室内外悬挂的危险废物警告标志）

（2）危险废物储存设施建有围墙或防护栅栏，且高度高于 150cm 的，应将危险废物警告标志（图 4-14）悬挂于围墙或防护栅栏比较醒目、便于观察

的位置上；当围墙或防护栅栏的高度为 150～100cm 时，危险废物警告标志（图4-14）则应靠近上沿悬挂；围墙或防护栅栏的高度不足 100cm 时，应当设立独立的危险废物警告标志（图4-15）。

（3）危险废物储存设施为其他箱、柜等独立储存设施的，可将危险废物警告标志（图4-14）悬挂在该储存设施上，或在该储存设施附近设立独立的危险废物警告标志（图4-15）。

（4）危险废物储存于库房一隅的，将危险废物警告标志（图4-14）悬挂在对应的墙壁上，或设立独立的危险废物警告标志（图4-15）。

（5）所产生的危险废物密封不外排存放的，可将危险废物警告标志悬挂于该储存设施适当的位置上，也可在该储存设施附近设立单独的危险废物警告标志（图4-15）。

说明

（1）主标识背面以螺栓固定，以调整支杆高度，支杆底部可以埋于地下，也可以独立摆放，标志牌下檐距地面120cm。

（2）使用于：

①危险废物储存设施建有围墙或防护栅栏的高度不足100cm时；

②危险废物储存设施其他箱、柜等独立储存设施的，其箱、柜上不便于悬挂时；

③危险废物储存于库房一隅的，需独立摆放时；

④所产生的危险废物密封不外排存放的，需独立摆放时；

⑤部分危险废物利用、处置场所

图 4-15　危险废物警告标志牌式样二

2）危险废物储存场所内的危险废物标签的设置

危险废物储存设施内，可以设置危险废物标签，具体设置要求是：

（1）危险废物储存在库房内或建有围墙、防护栅栏的，可将危险废物标签（图4-16）悬挂在内部墙壁（围墙、防护栅栏）于适当的位置上；当所储存的危险废物在两种及两种以上时，危险废物标签（图4-16）的悬挂应与其分类相对应；当库房内不便于悬挂危险废物标签，或只储存单一种类危险废物时，可将危险废物标签悬挂于库房外面危险废物警告标志一侧，与危险废物警告标志相协调。

（2）危险废物储存设施为其他箱、柜等独立储存设施的，可将危险废物标签（图 4-16）悬挂于危险废物警告标志左侧，与危险废物警告标志协调居中。

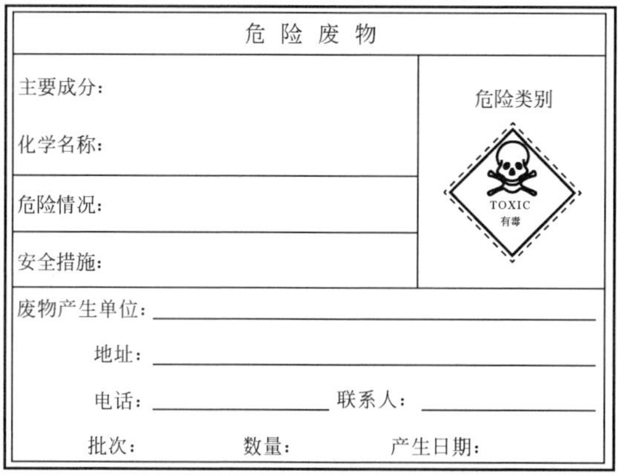

危 险 废 物
主要成分：
化学名称：
危险情况：
安全措施：
危险类别
TOXIC
有毒
废物产生单位：
地址：
电话：
联系人：
批次：
数量：
产生日期：

说明

（1）危险废物标签尺寸颜色。

尺寸：40cm×40cm；

底色：醒目的橘黄色；

字体：黑体字；

字体颜色：黑色。

（2）危险类别：按危险废物种类选择。

（3）使用于：危险废物储存设施为房屋的；或建有围墙或防护栅栏，且高度高于 100cm 时

图 4-16　危险废物标签式样一

（3）危险废物储存围墙或防护栅栏的高度不足 100cm 的，危险废物标签与危险废物警告标志并排设置（图 4-17）。

3）盛装危险废物容器的危险废物标签的粘贴

危 险 废 物
主要成分：
化学名称：
危险情况：
安全措施：
危险类别
有毒
废物产生单位：
地址：
电话：
联系人：
批次：
数量：
生产日期：

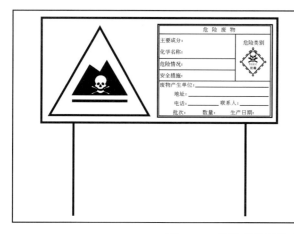

说明

（1）支杆距地面 120cm。

（2）使用于：

①危险废物储存设施建有围墙或防护栅栏的高度不足 100cm 时；

②危险废物储存设施其他箱、柜等独立储存设施的，其箱、柜上不便于悬挂时；

③危险废物储存于库房一隅的，需独立摆放时；

④所产生的危险废物密封不外排存放的，需独立摆放时

图 4-17　危险废物标签式样二

盛装危险废物的容器上必须粘贴危险废物标签（图4-18），当采取袋装危险废物或不便于粘贴危险废物标签时，则应在适当的位置系挂危险废物标签牌（图4-19）。

图4-18　危险废物标签式样三

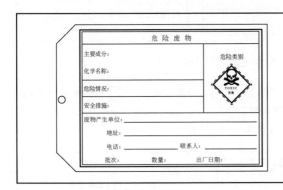

图4-19　危险废物标签式样四

4）危险废物转运车危险废物警告标志和危险废物标签的设置

专用危险废物转运车应当喷涂或粘贴固定的危险废物警告标志和危险废物标签，临时租用的危险废物转运车应粘贴临时危险废物警告标志和危险废物标签。

2. 标志的制作

标志牌由各单位依据本规范要求自行喷涂制作。

危险废物标签的危险类别，应根据所产生的危险废物种类和性质，依据表4-18和表4-19确定其危险类别，如某一种危险废物的危险废物分类为两或两种以上的，只选择最强的或最主要的一种。

　　危险废物标签上的内容，应使用黑色中性笔以正楷字体填写（如需将内容直接制作在标签上的，请在《危险废物标志牌申领表》的备注里（或附以内容字样）说明。如选择图 4-18 所示危险废物标签式样，则同时替代图 4-15 危险废物警告标志和危险废物标签。

表 4-18　一些危险废物的危险分类

废物种类	危险分类
废酸类	刺激性/腐蚀性（视其强度而定）
废碱类	刺激性/腐蚀性（视其强度而定）
废溶剂如乙醇、甲苯	易燃
卤化溶剂	有毒
油—水混合物	有害
氰化物溶液	有毒
酸及重金属混合物	有害/刺激性
重金属	有害
含六价铬的溶液	刺激性
石棉	石棉

表 4-19　危险废物种类

危险分类	符号	危险分类	符号
Explosive 爆炸性		Toxic 有毒	
Flammable 易燃		Harmful 有害	

危险分类	符号	危险分类	符号
Oxidizing 助燃		Corrosive 腐蚀性	
Irritant 刺激性		Asbestos 石棉	

注：（1）带有警告语的警示标志的底色为包装袋和容器的背景色，边框和警告语的颜色均为黑色，长宽比为 2∶1，其中宽度与警示标志的高度相同。

（2）警告语依据《医疗废物分类目录》确定，如感染性废物、损伤性废物等。

（3）警示标志和警告语的印刷质量要求油墨均匀；图案、文字清晰、完整；套印准确，套印误差应不大于 1mm。

五、输气站、输油站危险废物事故应急预案

1. 应急预案设立原则

为保证企业、社会及人民生命财产的安全，防止突发性重大事故发生，并且在危险废物意外事故发生时能够迅速、有效地控制处理、实施救援，依据《中华人民共和国固体废物污染环境防治法》相关法律法规，结合公司实际情况，应制定适应输油气管道站场的危险废物事故应急预案。

公司在编制此类预案时，应借鉴和参考同类企业的相关应急预案，并且与相关政府部门、周边友邻单位的应急救援组织机构建立紧密的联系与合作，以确保预案与各级政府的应急预案、救援行动和要求相匹配，形成一个完整的应急救援体系。

预案应本着"安全第一,预防为主;自救为主,外援为辅;统一指挥,分工负责"的原则,在事故救援中体现"以人为本"的原则,做到迅速控制危险源,抢救受害人员,指导人员防护,组织人员撤离,再处理好现场,消除危害后果;要能够迅速正确果断、有条不紊地采取应急救援措施,全力将事故解决在初期状态,减少人员伤亡和经济损失,努力将事故的损失、危害降到最低程度。

应急救援预案标志着公司站场危险废物意外应急救援预案体系初步建立。我们虽然制定了危险废物意外事故应急救援预案,但是这只是后备补救的措施,不能把事故应急救援预案当作维持重大危险源安全运行的替代措施,及时发现事故隐患并立即整改,争取将事故消灭在萌芽状态。

2. 建立应急救援预案体系的主要目的和重要现实意义

应急救援预案又称应急救援计划,是针对一旦发生危险废物意外事故,为保证迅速、有序、高效地开展应急救援行动,减少人员伤亡和降低事故损失而预先制定的有关计划或方案。它是在辨识和评估潜在的事故严重程度的基础上,对应急机构与职责、人员、技术装备、物资、救援行动及其指挥与协调等方面预先做出的具体安排。其目的是增强站场对突发事故的应急处理能力。

发生危险废物意外事故将对站场造成较大的危害,后果严重,影响重大,具有突发性、紧迫性的特点。如果事先没有做好充分的应急救援准备工作,就无法在短时间内组织起有效的抢救工作。因此,在借鉴国内危险废物意外事故应急救援工作经验的基础上,根据《中华人民共和国安全生产法》和国务院《中华人民共和国固体废物污染环境防治法》,结合管道站场安全生产工作实际,本着"快速反应,统一指挥,分级负责,单位自救与社会救援相结合"的原则。制定应急救援预案,建立应急救援体系是十分必要的,也是十分重要的。

在事故应急与救援方面,公司制定《危险废物意外事故应急救援预案》,就是要在一旦发生事故后,通过应急救援预案的实施,把损失降到最低限度,切实维护公司生产安全,保障职工的生命财产不受侵害。制定应急救援预案,要把事故灾害应急与减灾、防灾、救灾和灾后恢复等环节有机结合起来,对现有应急救援资源进行整合,提高应急救援的整合协调水平,增强应急救援能力。

3. 危险废物意外事故应急救援的运行机制

石油单位输油气管道站场突发危险废物意外事故应急救援的运行机制应由预警机制、应急信息报告机制、应急决策和协调机制、应急公众沟通机制、分级响应机制、应急处置程序、应急资源配置、征用机制和救灾恢复体系组成。

下面说明各事故应急救援的运行机制。

（1）应急信息报告机制：发生安全事故后，立即如实向总指挥报告事故情况。

（2）应急决策和协调机制：总指挥做出启动应急救援预案的决策后，确定应急救援方案，协调各有关方面，调动应急救援队伍、物资和设备开展应急救援。

（3）应急公众沟通机制：应急救援副总指挥认为安全事故可能危及公众生命财产安全时，即发出指令，动员可能受到事故危害范围内的公众，采取必要的安全防范措施或者紧急撤离危险场所。

（4）分级响应机制：根据危险废物意外事故灾难的危险程度、影响范围和控制事故能力，实行初级影响到扩大影响的分级响应机制，强调"第一反应"。

（5）应急处置程序：是对整个应急过程的每个环节、步骤应当如何做的具体规定。包括事故报告程序、应急响应程序、决策程序、抢险救灾程序、公众动员程序、灾后恢复程序等。

（6）应急资源配置：包括应急救援队伍和应急救援器材、设备两个方面。应急救援队伍由训练有素的专业救援队伍和培训合格的志愿者组成。应急救援器材、设备是事故应急救援必不可少的工具和手段，必须预先配备。

（7）征用机制：一方面，任何单位和个人应当支持、配合事故抢救，并提供一切便利条件。另一方面，对调用的物资、设备和器材要予以合理的补偿。

（8）救灾恢复体系：首先，对安全事故可能造成对基础设施、环境等的危害进行预测。其次，根据预测结果，制定应急恢复方案。最后，组织专家组对基础设施、环境等进行技术鉴定，实施应急恢复方案，保障安全事故影响区域尽快恢复正常功能。

4.切实保证预案有效实施的措施

（1）危险废物意外事故应急救援预案体现"以人为本"原则，真正将"安全第一，预防为主"的方针落到实处。在总指挥的统一领导下，实行分级管理、分级响应、条块结合、属地管理为主的原则。根据突发安全事故的性质、严重性、可控性、所需动用的资源、影响范围等因素，分级设定和启动应急救援预案，落实岗位责任制，明确责任人及其指挥权限。

（2）预案贯彻"预防为主"的思想，强调常抓不懈的观念，经常性做好应对突发安全事故的思想准备、预案准备、机制准备和工作准备，重点建立健全信息报告体系、科学决策体系、防火防灾体系和恢复重建体系。既突出建立应急处置的专业队伍的重要性，又强化了义务人员的培训工作，积极做好宣传教育工作，并定期进行演练，提高应急处置能力。

（3）各预案对通信与信息、救援和抢救装备、物资和经费等应急救援保障也做出了明确安排，确保应急救援工作的有效开展。

我们有理由相信，随着《危险废物污染环境应急预案》的制定实施和不断优化，将极大地提高站场处置突发安全事故的能力，对有效控制事故影响、减少事故损失，将起到积极作用。同时，对于站场加强安全生产管理，健全完善安全责任制，采取措施积极预防安全事故的发生，也将起到重要的作用。

5. 事故应急救援预案的持续改进

应急预案的持续改进必须是在对事故应急救援预案演练的基础上，演练结束后，副总指挥主要负责人或者组织指挥者应当组织评审，组织评审实际上也是一次再学习和全面提高的过程。对于组织指挥者，通过评审可以发现事故应急救援预案中存在的战略和战术上的缺陷，并可以从中找到改进的措施，及时优化和修订，使应急预案始终处于编写—学习—演练—持续改进的良性循环状态，不断消除薄弱环节，从而使应急体系和应急预案的水平稳步提高。

6. 应急预案培训计划

培训可以通过邀请有关专家授课、组织参观、进行危险品安全知识竞赛、职工间相互交流心得体会等方式，平时可以利用会议、橱窗、短信、宣传小册子、标语、图片等学习方式，以加强、加深员工印象。

培训主要的两种途径为：一是职工教育培训，培训内容应包含事故应急救援预案的学习，使相关人员必须清楚自己在事故应急救援中的角色和应尽的职责。使广大员工能够熟悉整个程序并且掌握其要领。

二是应急救援培训，应急救援的培训是危险废物意外事故应急救援的重点，对各类人员教育培训后，才能了解事故的性质、危害、自救互救方法、处理方法等。

1）应急救援人员的培训

应急救援人员的培训教育在控制危险废物意外事故危害中起着关键、重要的作用。培训主要以国家政策、法律法规，重大危险源系统知识，应急救援专业技术、个体急救、事故调查、评估和预案内容及程序为主。每年培训课时不少于24h。

通过培训，让应急救援人员能够了解预案内容和程序，了解所接触危险废物意外燃爆危害、健康危害、环境危害，应熟悉应急救援计划、了解生产工艺、掌握重点危险部位的设备布置及仪表、电气等配置情况，并且充分掌握各类物料的物化性质、应急处理方法、掌握自救、互救措施，掌握个体防护用品的选择使用、维护保养，掌握特种设备和材料的消防、急救、泄漏控制和设备的应急使用等。

2）员工应急响应的培训

员工应急响应的培训主要以预案内容和程序、规章制度和操作规程，防火、防爆、防毒知识，自我个体防护知识，以及应用和自救、互救技术为主。每年培训课时不少于 24 小时。

3）周边人员应急响应知识的宣传

周边人员应急响应知识的宣传，以会议、橱窗、板报、广播、电视、宣传小册子、标语、图片等方式，向站场周边群众广泛开展危险废物意外事故应急救援知识的宣传和教育，提高群众的防护意识和自救能力，提前为可能发生的事故做好心理准备，为今后配合站场共同做好应急救援工作、疏散工作做好准备。

第八节　油气管道站场清洁生产

一、清洁生产的定义及内涵

清洁生产是一种全新的发展战略，它借助于相关理论和技术，在产品的整个生命周期的各个环节采取"预防"措施，将生产技术、生产过程、经营管理及产品等方面与物流、能量、信息等要素有机结合起来，并优化运行方式，从而实现最小的环境影响、最少的资源能源使用、最佳的管理模式以及最优化的经济增长水平。更重要的是，环境是经济的载体，良好的环境可以更好地支撑经济的发展，并为社会经济活动提供所必需的资源和能源，从而实现经济的可持续发展。

1. 清洁生产的定义

联合国环境规划署与环境规划中心对清洁生产的定义为："将综合预防的环境策略持续地应用于生产过程和产品中，以便减少对人类和环境的风险性；

对生产过程而言，清洁生产包括原材料和能源，淘汰有毒原材料并在全部排放物和废物离开生产过程以前减少他们的数量和毒性；对产品而言，清洁生产策略旨在减少产品在整个生产周期过程（包括从原料提炼到产品的最终处置）中对人类和环境的影响。"

《中国 21 世纪议程》中将清洁生产定义为："既可以满足人们的需要又可合理使用自然资源和能源保护环境的实用生产方法和措施。"

清洁生产的根本目的是减少对人类和环境的影响与风险。贯穿在其定义中的基本要素是污染预防，在生产全过程中充分利用资源能源，最大可能地削减多种废物或污染物的产生，与末端治理相对应。其实质是一种物料和能耗最少的人类生产活动的规划和管理，将废物减量化、资源化和无害化，或消灭于生产过程中。

2. 清洁生产的内涵

清洁生产包括清洁原料和能源、清洁生产过程、清洁产品三个方面。通过将环境因素考虑到产品及其生产过程中，促进生产、消费与环境相容。传统意义上单一污染问题的末端控制活动，往往忽略或难以顾及污染的跨介质转移，继续增加环境的风险。因此需要实施综合性的对策，特别是通过生产全过程中多种源削减的综合措施，以对环境质量的改善产生更加有效的作用。

1）清洁生产的原材料和能源

清洁原料和能源，是指产品生产中能被充分利用而极少产生废物和污染的原材料和能源，也是选择清洁原料、能源和清洁生产的一个重要条件。

（1）原材料有效使用和替代。

原材料是工艺方案的出发点，它的合理选择是有效利用资源、减少废物产生的关键因素。从原材料使用环节来看，实施清洁生产的内容可以包括以无毒无害或少害原料替代有毒有害原料；改变原料配比或降低使用量；保证或提高原料的质量、进行原料的加工减少产品的无用成分；采用二次资源或废物做原料；替代稀有短缺资源的使用等。

（2）能源有效使用和替代。

能源有效使用和替代主要包括常规能源清洁利用、可再生能源利用、新能源开发以及各种节能技术利用等。常规能源清洁利用是对常规能源采取清洁利用的方法逐步提高液体燃料和天然气的利用率，如煤气化等。可再生能源的利用，包括水资源的开发利用，沼气等再生能源的利用等。新能源的开发，包括如太阳能、风能、潮汐能、地热能的开发利用等。其他各种节能技术，如在能耗大的化工行业采用热电联合生产技术，可提高能源利用率。

2）清洁生产过程

生产过程是工业企业最基本的活动，它是指从产品的生产准备起直至产品的最终形成。在生产过程中实施清洁生产的基础是生产过程评价。它以生产过程系统为对象，通过对构成生产过程的单元操作的功能、状态，包括废物流在内的物流、能流现状的分析，揭示生产过程系统存在的缺陷和问题，寻求实施污染预防、开展清洁生产的途径和方法，提供清洁生产的方案。

对于一个生产过程系统，实施清洁生产的基本途径可包括 5 个方面：（1）尽量少用和不用有毒有害的原料，采用无毒无害的中间产品；（2）选用少废、无废工艺和高效设备；（3）尽量减少生产过程中的各种危害因素，如高温、高压、低温、易燃、易爆、强噪声、强振动等，采用可靠简单的生产操作和控制方法；（4）对物料进行再利用和内容循环利用；（5）完善生产管理，不断提高科学管理水平。

（1）改进工艺和设备。

主要包括简化流程，减少工序和所用设备，使得工艺过程易于连续操作，减少开车、停车次数，保持生产过程的稳定性；提高单套设备的生产能力，装置大型化，强化生产过程；优化工艺条件（如温度、压力、流量、工序顺序等）；利用最新科技成果，开发新工艺、新设备。

（2）改进运行操作管理。

工业生产产生的污染，还可从运行操作管理方面进行改进提升。例如合理安排生产计划，改进物料储存方法，加强物料管理，消除物料的跑冒滴漏，保证设备的完好性等。

（3）产品改革替代。

主要包括改革产品体系，产品报废的回用再生，产品替代、再设计等。例如无汞电池、可拆卸产品的开发等。

（4）再循环再利用。

物料再循环是将生产流程中的废物，加以收集处理并再利用。例如将废物、废热回收作为能量利用；将流失的原料、产品回收，返回主体流程之中使用；将回收的废物分解处理成原料或组分，复用于生产流程中；闭路用水循环等。

此外，在一定情况下，还可考虑将废物收集，作为企业自身或其他生产过程的原料，加工成其他产品。从清洁生产的优先顺序看，对于废物首先应将其尽可能消灭在自身生产过程中，使投入的资源能源充分利用。

3）清洁产品

产品的污染预防问题需要从原料选取、生产制造、使用消费、报废处理这一生命周期上进行考虑，寻找更有利于环境的产品，实现工业生产与环境的协调相容。当前有关产品生命周期的环境评价及产品的生态环境设计正成为一个全新的发展领域。

（1）产品生命周期评价。

产品生命周期评价是对贯穿产品生命全过程（从原材料获取、设计、制造、储运、使用直至最后废弃处置）的环境因素及其潜在影响的研究，从而确定对产品进行污染预防。产品的生命周期评价与技术经济分析及社会分析结合在一起可用于产品的研制设计和开发、生产过程的革新、支持有利于环境的产品消费乃至国际贸易等一系列重要决策。

ISO14040《环境管理—生命周期评价》标准中规定了产品生命周期评价的目标、范围界定、清单分析、影响评价和结果4个阶段，具体实践中可依据这一标准开展产品生命周期评价工作。

① 标和范围界定。

一般生命周期分析评价的目的是确定产品—环境系统的影响；向消费者描述环境标志产品应有的性能；用于产品的设计开发；进行产品的全面评价和环境标志认证；有关产品的法规制定等。在研究范围界定中要考虑产品系统的功能和功能单元、系统边界、分化程序、环境影响类型、影响分析方法及后继的解释、假设条件与限制条件、原始数据质量要求等。

② 清单分析。

清单分析主要是针对特定产品提供从原料开采、加工制造、运输及供销、使用/再使用/维护，到回收、废弃物管理等环节的能源、原料需求和排放至大气、水体及土壤等中的污染物的输入输出资料清单和数据。

③ 影响评价。

基于清单分析的结果，对产品生命周期各阶段的环境影响的重要程度进行定量或定性综合评估。

④ 结果解释。

对清单分析和影响评价中的结果进行综合，对现有产品的设计和加工工艺进行分析，对整个生产周期评价结果得出结论、提出建议或制订可能的实施方案。

（2）产品生态设计。

污染预防应从产品的设计开始，把改善环境影响的努力灌注于产品设计之中，需要在传统的产品设计准则中纳入环境准则，并将其列于优先考虑的因素。主要可通过以下途径来考虑：

① 少用短缺的原材料，多用废料或再循环物料作为原料；

② 减少加工工序，简化加工流程；

③ 减少产品重量，降低物耗和减少运输过程能耗；

④ 简化结构，易于拆卸装配和维修；

⑤ 考虑产品使用寿命和最终报废的因素；

⑥ 考虑产品报废回收、复用、再生的可能途径和方法；

⑦ 产品系列化，满足各种消费要求；

⑧ 产品标准化，便于重复使用。

此外还要考虑产品污染预防，一般可通过以下途径实现：

① 尽量少用或不用有毒有害原材料；

② 谋求生产过程废物最小化，避免不安全因素；

③ 减少产品使用过程中的污染物排放；

④ 产品报废后易于处置、分解和降解，分散在环境中的废品组分，应易与环境相容。

(3) 清洁生产的审核。

清洁生产审核是按照一定程序，对生产和服务过程进行调查和诊断，找出能耗高、物耗高、污染重的原因，提出减少有毒有害物料的使用、产生，降低能耗、物耗以及废物产生的方案，进而选定技术经济及环境可行的清洁生产方案的过程。它是一种在企业层次操作的环境管理工具，是对企业现在的和计划进行的生产进行预防污染的分析和评估。

清洁生产审核根据《中华人民共和国清洁生产促进法》和《清洁生产审核暂行办法》可以分为自愿性审核和强制性审核。污染物排放达到国家或者地方排放标准的企业，可自愿组织实施清洁生产审核，提出进一步节约资源、削减污染物排放量的目标。污染物排放超过国家和地方排放标准，或污染物排放总量超过地方人民政府核定的排放总量控制指标的污染严重企业，以及使用有毒有害原料进行生产或者在生产中排放有毒有害物质的企业，应当实施强制性清洁生产审核。清洁生产审核程序原则上主要包括审核准备、预审核、审核、实施方案的生产筛选和确定、方案实施、持续清洁生产等。

二、油气管道清洁生产

1. 油气管道清洁生产概述

清洁生产审核是一项科学性、系统性的工作，它是依照一定的程序和方法，针对企业正在进行的和即将进行的生产过程和活动，进行污染预防的评估和分析，挖掘清洁生产的潜力，寻找清洁生产的机会，进而制定出消减资源使用、消除或减少产品和生产过程中的有毒有害物质的使用，减少各种废弃物排放的方案。

我国于 2005 年颁布了《重点企业清洁生产审核程序的规定》，提出对资源利用率低、能耗高、浪费大、污染重的企业依法开展清洁生产审核工作；2008 年，为进一步发挥清洁生产在污染减排工作中的重要作用，加强重点企业的清洁生产审核，继而下发了《关于进一步加强重点企业清洁生产审核工作的通知》；2010 年为深入扎实地推进重点企业清洁生产工作，又下发了《关于深入推进重点企业清洁生产的通知》。根据国家有关规定，各地区也下发了相关文件。油气管道企业应响应国家、地方和公司的号召，将清洁生产、节约能源工作与环境保护、污染防治结合起来，树立清洁文明的资源节约型企业形象，自愿开展清洁生产审核工作。

股份公司下发了部门文件《关于全面开展清洁生产审核的意见》，对在中石油系统开展清洁生产工作提出了具体要求。

1）加强领导，转变观念，提高认识

转变传统末端治理观念，树立源头削减理念，提高对推行清洁生产及开展清洁生产审核必要性和重要性的认识，加强对开展清洁生产审核的组织领导，建立健全清洁生产领导组织机构。

2）加大宣传力度，做好人员培训

清洁生产审核是一项系统工程，涉及企业管理的各个方面，需要全员的积极参与。要以各种形式组织学习贯彻国家有关清洁生产方面的法律法规，使领导和职工树立对清洁生产的正确认识，消除思想上和观念上的障碍。积极开展清洁生产审核人员培训和专家队伍建设，学习、借鉴国内外先进的清洁生产技术，以利于清洁生产方案的产生。

2.油气管道清洁生产审核程序

清洁生产审核是一项科学性、系统性的工作，它是依照一定的程序和方法，针对企业正在进行的和即将进行的生产过程和活动，进行污染预防的评估和分析，挖掘清洁生产的潜力，寻找清洁生产的机会，进而制定出消减资源使用、消除或减少产品和生产过程中的有毒有害物质的使用、减少各种废弃物排放的方案。清洁生产一般的审核工作主要内容见表4-20。油气管道开展的清洁生产审核程序包括筹划与组织（审核准备）、预审核、审核、方案产生、方案筛选、可行性分析、企业实施以及持续清洁生产几个方面。通过审核，对污染来源、废物产生原因及其整体解决方案进行系统化的分析，并产生和实施清洁生产方案，从而实现企业增产减污、清洁发展，实现环境绩效的持续改进。

表 4-20　油气管道企业清洁生产审核内容

阶段	工作内容
筹划与组织	明确清洁生产审核内容，制订清洁生产审核工作计划；单位宣贯清洁生产的概念和内涵，阐明中国清洁生产发展趋势和实施清洁生产的必要性；对企业说明清洁生产对企业的作用，论述如何推进和实施清洁生产
预审核	现场调研，确定审核重点，设置清洁生产目标
审核	现场考察，审核与分析审核重点单元废物产生的原因
方案产生	针对审核重点，面向全体员工，开展宣传和动员，提出清洁生产的方案
方案筛选	对所提出的方案进行分类和筛选
可行性分析	对备选方案进行技术、经济、环境审核，推荐可实施的清洁生产方案
企业实施	企业对所推荐的方案进行论证和可行性分析，制订组织、计划和实施方案，总结和汇总已实施清洁生产方案所取得的成果，评价清洁生产对企业的影响
持续清洁生产	建立完善清洁生产管理制度，制订持续清洁生产计划，编制清洁生产审核报告，保障清洁生产工作组织到位、责任到位、投入到位，纳入日常生产管理中

1）筹划与组织

为了更好地筹划组织企业清洁生产，首先需要明确清洁生产审核领导小组、领导小组办公室、审核小组及相应职责。领导小组设组长 1 人，副组长 3~5 人，成员若干。清洁生产审核领导小组办公室一般设在安全环保部门，设办公室主任 1 名，成员由生产相关部门人员组成。审核小组设组长 1 名，组员若干。

清洁生产审核领导小组职能如下：

（1）贯彻国家、自治区和中国石油行业清洁生产法规、制度和要求，审定公司清洁生产审核方案；

（2）对审核中发现的重大事项进行决策；

（3）统筹安排清洁生产工作，对重大事项进行决策和组织协调；

（4）负责中/高清洁生产方案的审核、资金安排和落实；

（5）督促检查清洁生产办公室的工作；

（6）检查、考核各单位清洁生产工作。

清洁生产审核领导小组办公室职能如下：

（1）制订公司清洁生产工作计划，确定审核重点和目标；

（2）开展宣传教育，贯彻《中华人民共和国清洁生产促进法》，鼓励员工积极参与清洁生产工作；

（3）负责公司的清洁生产工作的日常管理，督促检查清洁生产有关要求的落实情况；

（4）督促和检查各单位清洁生产审核工作的开展情况，提出处罚或者表彰建议；

（5）总结清洁生产工作经验，建立清洁生产长效运行机制；

（6）负责落实公司清洁生产审核领导小组研究决定的重大事项。

审核领导小组的主要职责如下：

（1）统筹组织清洁生产预评估和评估工作；

（2）组织负责中/高清洁生产方案的审核、资金安排和组织实施；

（3）督促检查清洁生产办公室和审核工作小组的工作，召集清洁生产会议，推进审核工作；

（4）指挥协调各部门、各单位积极配合清洁生产审核工作，负责考核处罚或者表彰奖励。

清洁生产的主要内容包括分析企业目前存在的主要问题并提出污染预防方案，通过系统地实施清洁生产审核，企业可以达到"节能、降耗、减污、增效"的目的。在清洁生产审核工作中，必须制订可行的工作计划以保证审核工作有计划、有步骤地顺利实施。审核小组根据清洁生产审核的工作要求，结合输油气分公司实际情况制订出工作计划。同时开展宣传教育，对遇到的思想、技术、政策等问题提出有效的解决办法，确保清洁生产工作的有效推进。

2）预审核

预审核阶段要调研输油气公司的生产概况，企业清洁生产现状，评估企业清洁生产水平，确定审核重点，提出清洁生产的目标并给出实施无费清洁生产、低费清洁生产的方案。其中，企业的生产概况主要介绍企业现状，包括管道分布、里程、管径、输送介质、各线的输送量；工艺流程（如密闭正常输送流程、清管器接收流程）；企业近3年原辅材料和能源消耗，包括综合能耗、主要设备清单等。综合能耗主要包括生产用电、用水、天然气消耗以及柴油、汽油的消耗。

（1）审核。

审核重点为某单位的重点工艺流程，例如密闭正常输送流程、反输流程、压力越站流程、泄压排污流程、清管器收发流程、热力越站流程、加热加压流程等。测定输入输出物流（能流），近两年的能耗情况，分析能耗及污染物产排现状原因。

（2）方案产生。

清洁生产方案的数量、质量和可实施性直接关系到公司清洁生产审核的成效，是审核过程的一个关键环节。通过清洁生产培训后，领导、负责人及全体员工在审核工作中从生产作业全过程提出原辅材料和能源替代、工艺技术改进、生产过程优化控制、设备更新与改造、资源节约与综合利用、废物减排和回收利用、加强内部管理、提高员工素质及积极性激励等清洁生产合理化建议。

（3）方案筛选。

从原材料和能源的替代、技术工艺改造、设备维护和更新、过程优化控制、产品更新或改进、废弃物回收和循环利用、加强管理、员工素质的提高以及人员积极性的激励8个方面，动员公司全体员工为本轮清洁生产出谋划策；另外，通过组织有关技术人员对整个生产工艺、生产过程进行考察和分析，在分析废物产生原因的基础上，提出防止与削减污染物的产生与排放的方案；最后汇总整理形成公司清洁生产方案。

然后通过对现场的实际考察、各种方案的讨论比较，由清洁生产审核小组与外聘专家共同对所有的备选方案进行筛选，分析不属于清洁生产方案的原因（例如提出的建议、环境效益无法量化，导致该建议最终不能符合清洁生产的要求），最终得出符合清洁生产要求的合理化清洁生产方案。

（4）可行性分析。

在考察分析的基础上，对方案实施的费用高低、经济可行性等进行初步分析和判断，然后召集特聘技术专家进行评审，对汇总后的方案进行讨论，利用简易筛选法对筛检出来的中高费方案从环境效益、技术可行性、经济效益及对生产的影响等方面确定其可行程度。最终确定推荐的清洁生产方案，包括实施时间，方案类型（无费、中费、高费）、投资、效益、节约的资源能源、减少的污染物排放等。

（5）企业实施。

方案的实施是公司所提出的可行清洁生产方案的实施过程。目的是通过实施已确定的方案，使公司实现技术进步，获得显著的经济效益和环境效益，用取得的成果进一步促进公司推行清洁生产。

目前我国未颁布有关原油、成品油和天然气管道输送行业清洁生产标准和清洁生产评价标准体系。因此，目前只能从相关能耗数据方面（如节约电能、取得收益等）进行分析评价，对已实施方案和拟实施方案进行评估，分析总结已实施方案对企业的影响。

（6）持续清洁生产。

清洁生产是一个动态的、相对的概念，是一个连续的过程，因而需要有一个固定的机构、稳定的工作人员来组织和协调这方面工作，巩固已取得的清洁生产成果，使清洁生产工作持续地开展下去。持续清洁生产是公司清洁生产审核的最后一个阶段，其目的是使清洁生产工作在厂内长期、持续地推行下去。本阶段工作的重点是建立、推行和管理清洁生产工作的组织机构，建立促进实施清洁生产的管理制度，制订持续清洁生产计划以及编写完成清洁生产审核报告。

通过清洁生产审核，实施了预防污染的无费、低费、中费、高费方案，使公司领导干部和广大员工认识到清洁生产的必要性和紧迫性，也尝到了清洁生产审核的甜头。为了使清洁生产工作在公司内长期、持续地推行下去，公司应增设专人负责清洁生产方面的工作，将清洁生产审核作为公司的一项管理手段，及时将审核成果纳入有关操作规程、技术规范和日常管理制度中去，以巩固清洁生产审核成效。

第五章 油品管道环境污染突发事件应急管理

第一节 管道泄漏污染对环境的危害

一、管道泄漏污染地表水对环境的危害

据国际海事组织（International, Maritime Organization, IMO）统计，每年由各种污染源排入海洋环境的石油总量至少有 3.2×10^6 t。

这些溢油对人类健康、鸟类、水上哺乳动物、浮游生物、渔业以及岸线环境等环境敏感资源均造成了严重的危害。

溢油对环境敏感资源的危害形式包括物理作用和化学作用。物理作用是指溢油与环境敏感资源接触后的物理作用可导致环境资源的外部形态、景观或构成发生变化，对环境敏感资源的正常功能造成了破坏；化学作用是指溢油与环境敏感资源接触的化学作用导致了对生物体的危害，破坏了敏感环境原有资源。溢油对环境敏感资源的潜在危害性越大，其溢油敏感性就越强。溢油对与人类活动相关环境资源的影响主要体现在物理作用上，像溢油本身的黏附，溢油散发的气味等破坏了环境资源，例如溢油对沙滩、海滨浴场、码头、船舶等造成的污染危害。溢油对生物资源与水产资源的危害主要表现在溢油对生物体的破坏作用，既包括物理作用，也包括化学作用。例如溢油的物理覆盖作用可导致潮间带生物、浮游生物等窒息死亡，而溢油自身的毒性可使浮游生物发生中毒死亡。

二、管道泄漏污染土壤及地下水对环境的危害

从我国用水结构来看，地下水在全国用水总量的占比达到 20% 以上，可以看出，地下水在我国用水量上占有重要的比重。然而随着工业的发展，对地下水的污染也越来越大，特别是石油的开采利用，是导致地下水污染

的重要原因之一。石油是人类工业和经济发展的命脉，对世界工业革命发挥了重要的作用，但是在石油开采、油品储存和管道输送过程中，不可避免地会有原油及其附属成分遗漏到地面上，通过重力沉降作用经土壤渗入到地下水含水层。石油组分中包含有复杂的有机化学物质，由于这类物质具有粘连性，当其渗透到土壤中，会在植物的根部形成一个包裹层，使植物不能从其根部吸收外界的空气和水分，导致植物死亡。长期利用含油污水灌溉农田，将会大大降低农作物的产量。石油污染物经过食物链在动植物体内留存，甚至转到人体内部，通过生物食物链的不断传递，会引发动物及人类相关器官的病变，甚至癌症，继而对人体的生命健康造成巨大威胁。

石油开采的过程中掉落的原油是一个重要的污染源，国内相关采油企业每年都会产生大量的落地原油，数值达到 700×10^4 t。相比其他地下水污染源来说，输油管道和石油装备的泄漏对地下水产生的污染更为严重。国内某地区有超过一半的加油站（加油站总量大约 1000 个）都出现不同程度的泄漏，严重破坏了当地的地下水环境。国内石油管道泄漏事故也给地下水造成了污染，例如 2009 年长庆油田某采油厂输油管线泄漏事故，还有 2011 年延长石油集团定远到靖边输油管线打孔盗油泄漏事故，均对当地的地下水产生了严重的污染。

第二节　管道泄漏污染地表水事件应急处置技术

管道泄漏污染地表水的应急处置技术，可以根据管道与水体的距离、水域大小分别进行处置，主要分为河流溢油应急处置、江海湖泊溢油应急处置、冰上溢油应急处置及冰下溢油应急处置。

一、河流溢油应急处置技术

1. 远离沟渠溪流的溢油处置

1）溢油控制

若管道在离沟渠、小溪及河流等水域较远的地方发生泄漏，则应首先考虑地形地势，在远离水域的部位挖集油坑和导油沟。同时，在得到审批且附近有足够土的情况下，地势低洼处且易流向附近沟渠、小溪或河流的部位砌筑控制堰（一般为实体坝）。远离沟渠小溪管道发生泄漏的围堵如图 5-1 所示。实体坝的坝体顶宽一般不宜小于 1.5m，坝体底宽不宜小于 2.5m，且满足坝体放坡系数要求（放坡系数不宜低于 1：0.5），坝体材料宜就地取材，夯实坚固，迎水面设置塑料布防止油品渗透。在修建时工作人员采用挖土设备，一般每小时可以修建 10m×4m×2m 的坝体，所需物资一般为沙袋、金属或木质衬套板材，实体坝布设示意图如图 5-2 所示。

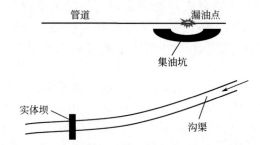

图 5-1　远离沟渠小溪管道发生泄漏的围堵示意图

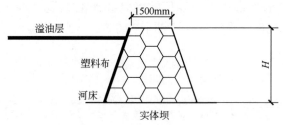

图 5-2　实体坝布设示意图

集油坑及实体坝围起来的容积应能满足油品泄漏量在油槽车到来之前的存放，整体效果如图 5-1 所示。

为围堵泄漏油品开挖的集油坑、导油沟及实体坝等位置或区域应做好防渗处理，避免引起对周边土壤和地下水的污染。推荐采用坑内注水使油品漂浮的方式防渗。

当取土有困难时，可采用草垛坝的形式进行拦截。草垛坝宜就近取材，可用草垛（玉米秸捆、稻草等）为原料进行筑坝拦截，坝体宽度不宜小于 2.0m，坝体要紧密结实，以小桥、树桩等坚固的构筑物为支撑进行筑坝。草垛坝适用于管道泄漏初始、专用抢险物资到来之前，且水面宽度不宜大于 10m 的沟渠、小溪及河流。草垛坝的布设如图 5-3 所示。

2）溢油回收

采取汇集到集油坑的方式来收集溢油，若重型设备一般不易进入，而且油层较厚，可直接采用真空油槽车，将溢油吸入储油罐内回收。当油槽车不易进入污染现场时，也可使用抽水泵将溢油通过软管输送到储存容器中，再对残留溢油进行清除。如果溢油已固化，可考虑使用高压清洁装置。

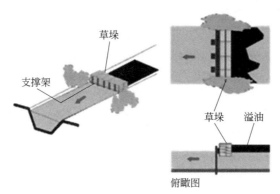

草垛

支撑架

草垛　溢油

俯瞰图

图 5-3　草垛坝示意图

2. 紧邻干涸沟渠溪流的溢油处置

1）溢油控制

若沟渠、小溪干涸，则可直接在溢油点下游低洼处的位置采取筑实体坝的方式围堵溢出的油品，将泄漏出的油品储存在实体坝内，随后进行回收处置（图 5-4）。实体坝的规格要求如图 5-2 所示。若在泄漏点附近有废弃的坑矿或更大的干涸沟渠等可作为泄漏油品存储的地方，则可同时开挖导油沟将泄漏油品引入这些位置。

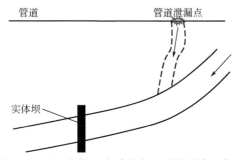

管道　　　　　　　　　管道泄漏点

实体坝

图 5-4　干涸沟渠、小溪处发生泄漏围堵示意图

2）溢油回收

在干涸沟渠中围堵溢油后，在控制堰处也可使用真空油槽车或者抽水泵将溢油回收到储油罐中。最后再进行溢油清除。如果溢油已固化，可使用高

压清洁装置。

3. 穿越有水沟渠溪流的溢油处置

1）溢油控制

（1）水流较小的沟渠溪流。

若沟渠、小溪有水，在附近有足够土的情况下，可在泄漏点下游低洼处的位置采取筑实体坝或过水坝的方式围堵溢出的油品，并选择在合适的位置对沟渠、小溪进行改道，避免更多的水流进入污染区。当水流较小时，可采用实体坝的方式进行围控，实体坝的要求与前述要求一致。

若在泄漏点附近有废弃的坑矿、合适的干涸沟渠及鱼塘等可作为泄漏油品存储的地方，则可同时开挖导油沟将泄漏油品引入这些位置存油，同时也可对沟渠、小溪进行改道，避免更多的水流进入污染区。

（2）水流较大的沟渠溪流。

对于流速低于0.5m/s的狭窄河流，需要采用过水坝进行控制，以便降低水流逆流速度，同时允许水流从控制泄漏的现场流动；在泄漏现场保持稳定的水位。水流量较大时，可能还需要不断地进行维护。过水坝坝体尺寸与实体坝相同，构筑时可以延伸至水面以上或者一条岸线之外，或者从一条岸线延伸至另一条岸线。通过坝体中心安装倒置的过水管引导水流通过，以防止水流漫过堤坝，过水管出口高度不应高于河岸高度，过水管的过水量设置应满足河流的泄流量，其原理是利用水重油轻的特点，使水从底部管道流出，油留在堤内。过水管有斜管和弯管两种形式，溢油水层较高时，可选用斜管，而溢油水层较低时，宜选用弯管。过水坝适用于水面宽度20m以下的河流、沟渠及小溪（尤其在管道泄漏处）。斜管过水坝的结构示意图及现场布置示意图分别见图5-5及图5-6。弯管过水坝的结构示意图及现场布置示意图分别见图5-7及图5-8。现场应用时，可同时采用收油机将浮在水面上的溢油回收。

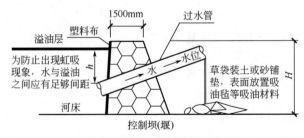

图 5-5　斜管过水坝结构示意图

图 5-6　斜管过水坝现场布置示意图

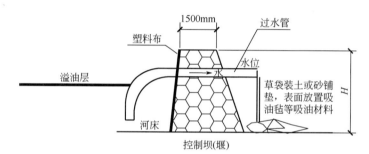

图 5-7　弯管过水坝结构示意图

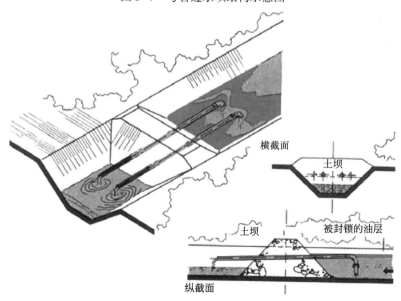

图 5-8　弯管过水坝现场布置示意图

过水坝布设时，应设置在容易到达的地方，因为此处的岸比较高（水较深），有利于清除溢油；使坝体深深地插入河岸，并增加支撑物以抵抗静水压力；当水位比较高时，需要调节流量，以防止流水溢出；使用排水管时，应确保上游进水口接近河床，以防止吸入水面上的浮油；上游部分应铺设塑料防渗透膜；必要时使用泵排水，防止水漫过堤坝。

　　水流泄流量简易判定：俩人相距 30m，上游 1 人扔漂浮物，计时到下游另 1 人的时间，计算河水流速，量出河面宽度及深度，计算出河水流量。

　　当过水管无法满足河流泄流量时，为避免溃坝，应准备一定数量的污水泵或泥浆泵。

　　2）溢油回收

　　（1）收油机回收。

　　对于有水沟渠中的溢油，可利用类似绳式收油机或盘式收油机等小型收油机进行回收处理。另外，在选择溢油回收设备时也要充分考虑垃圾可能造成的影响，如果水域中的垃圾太多，不具备集中溢油的条件，建议优先使用绳式收油机，因为与盘式收油机相比，其覆盖面积相对较大。

　　（2）人工方法回收。

　　重型设备会对环境造成破坏，对于小范围内的泄漏油品的清除，可采用人工方法清除。操作时，挤压沟渠中有机物中的泄漏油品以便于回收；同时要清除水位以下 5~10cm 厚的突出植被。人工方法属于劳动密集型和时间耗费型操作，往来通行会对河岸造成影响；如果未清除根基，被清除的植被第二年又会重新生长起来。需要注意当清除工作对人体有害时，应停止采用人工方法。

　　4. 河流和近岸水域的溢油处置

　　1）溢油围控

　　我国的内河宽度范围为 70~6000m，在穿越河流的管道发生溢油时，由于水流量较大，控制堰已无法有效围控溢油，而需要采用围油栏进行围控。使用围油栏时水流的流速影响较大，因此需要根据现场地理条件选择有利控制点进行围控，同时采用不同类型的围油栏对溢油进行围控、引导以便于回收。河流一般选择固体浮子型或充气型围油栏。

　　采用围油栏进行围控溢油时，河流宽度和水流流速对其影响较大，因此在其布放时，应主要考虑这两种因素。具体说来主要有横跨式、人字形、穗形以及梯形等布放形式。

　　（1）中小型河流的溢油控制。

　　对于河道宽度小于 50m 的中小型河流，主要采用横跨形式，推荐在河流流速不大于1m/s时使用。图5-9所示为中小型河流围油栏布放形式。若一道围油栏不能达到围控效果，可采用紊流栏、导流栏和收油栏组合的形式，能够快速将溢油集中到固定收油点上，如图5-10所示。围油栏根据水流速及溢油量选择规格型号。

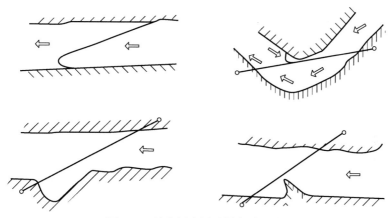

图5-9　较窄河流围油栏布放形式

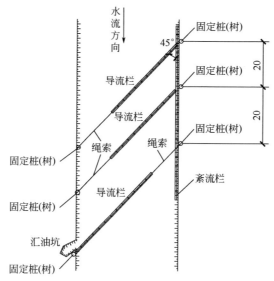

图5-10　较宽河流围油栏布放形式

（2）中型直道河流的溢油控制。

中型河流较宽，一般河道宽度大于50m，无法采用横跨式布放围油栏控制溢油，需要采用两个或多个围油栏进行围控。图5-11所示为中型河流围油栏布放形式，其中人字形布放适合于非通航河流，且推荐在河流流速不大于1m/s时使用；穗形适合于通航河流，且推荐在河流流速不低于1m/s时使用。

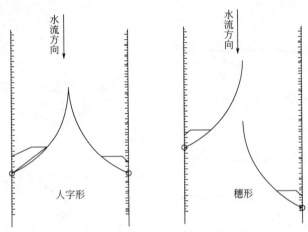

图5-11　较宽河流围油栏布放形式

（3）中型弯道河流的溢油控制。

在河道弯道处，可利用河道的弯度及水流运动的轨迹，将溢油快速收集到岸边回收。溢油控制方法可以采用沙坝和围油栏的方式。当河道为"之"字形时，可采用沙坝的形式控制溢油，如图5-12所示。而当河道为U形或L形时，可采用围油栏引导溢油走向，再进行控制回收的方式，如图5-13所示。一种方式是在河流弯道上游用围油栏导流溢油，让溢油沿弯道内侧流淌，然后在弯道下游布设一至两道围油栏进行围控。另一种方式是如在弯道处有沙滩，则可利用沙滩在弯道处布设引导式围油栏，将溢油导向水流外侧岸，然后在下游外侧岸处布设围油栏进行围控回收溢油。

图5-12　之字形河道沙坝控制溢油

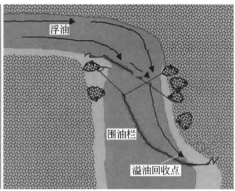

图5-13 U形或L形围油栏控制溢油

（4）大型河流的溢油控制。

对于较大的河流，其水流速度大于1m/s，采取人字形或穗形布放不能完全控制溢油，因此需要采用引导式围油栏且分层次进行布放，图5-14所示为引导式围油栏的梯形布放形式，适合于通航河流，且推荐在河流流速大于1m/s但小于2m/s时使用。

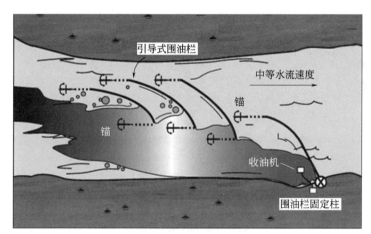

图5-14 围油栏的梯形布放形式

当河流流速大于2m/s，超过固定围油栏的控制能力时，用一定形状固定的围油栏就很难发挥围控作用，就需要采用同步漂浮式溢油围控，在运动过程中来限制溢油的扩散和漂移。其原理如图5-15所示，让围油栏成U形，口朝向上游方向，围油栏的两端均使用拖船进行牵引，使围油栏与其中围控的溢油在拖船的牵引下一起向前运动。需要注意的是，要始终保持

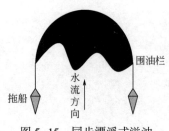

图 5-15　同步漂浮式溢油
围控布置图

围油栏的 U 形底部与溢油的相对速度比围油栏失效的临界速度小，这样溢油才能完全被围控在 U 形区域内，并且慢慢地聚积在 U 形区域的底部。这时可以把溢油转移到水流平缓之处，在此处设置溢油回收船或收油机，对溢油进行回收。

对于大型河流的溢油处置，可能需要同时采用各种溢油应急物资协同开展工作，一般除了在河流布设围油栏外，还需同时在岸边布置其他的机械设备如挖土机等，可借鉴如图 5-16 的方式进行布置。在控制溢油时可能需要双层或多层梯形布置围油栏，同时在敏感区布置围油栏防止溢油扩散，在岸边布置溢油回收装置回收溢油。

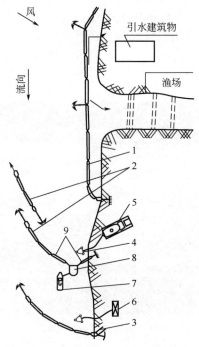

图 5-16　消除石油产品事故溢流的技术设备的分布示意图

1—防护围油栏（沿岸）；2—双层主围油栏；3—备用围油栏；4—带有传动装置的石油收集设备；
5—真空汽车；6—集油槽；7—驳船；8—收集石油产品和垃圾的自动（非自动）船只；
9—到收集石油产品和垃圾的自动（非自动）船只的引导管线

2）溢油回收

（1）使用吸油材料回收溢油。

吸油材料一般适用于回收水中或岸上残留的溢油。在实际操作中，当溢油已经被围油栏围住，或者已经到达一个静止的区域，这时就可以把吸附剂撒在或铺在溢油的上面，可依据现场情况选择吸油毡、吸油栏或吸油颗粒。吸附剂通常都是不能溶于水的，而且大多数都是漂浮着。因此在吸收溢油之后，再使用普通工具，例如耙子、铲子、刮具和金属丝网筛，对吸附剂进行收集。对于非常稀薄的油膜，可能要让吸附剂贴近溢油才能发生毛细管作用。然后通过挤压的方法回收溢油，而且吸附剂还可以重新使用。

在使用吸油材料后，可以利用网障来阻挡和汇集漂浮在水道上的松散的吸附剂材料（图5-17）。网障对水的阻力很小，可以在流速较快的情况下使用，只需轻轻地放置在水面上，易于安装及系泊固定。操作时，将网向两岸拉伸，横跨在水道上，在岸上用立桩把网固定在适当的位置，用楔子把网固定到河流的底部，否则网可因重力作用而向下弯，然后顺着河流设立几道网障。注意需要在岸边进行良好的密封。网障前的吸附剂吸满油后，必须进行更换，有时候需要很频繁地更换，此种方法最适用于清除稀薄的油膜。

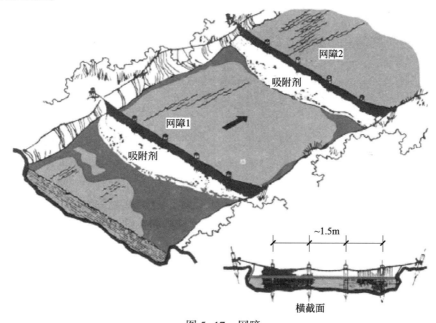

图5-17　网障

（2）使用收油机回收溢油。

用于浅水区域的收油机应尺寸小、吃水浅，结构简单、操作方便，对浅水中的沉积物如沙子、泥沙、淤泥、石头不敏感，适应一定的水流速且布放容易。但是，相对开阔水域的收油机，回收效率较低。适用于这种水域的溢油回收设备类型主要包括小型堰式收油机、绳式收油机、真空式收油机、盘式收油机、机械式收油机、动态斜面式收油机等。

（3）使用化学制剂回收溢油。

河流可通过使用化学清洁剂来清理溢油，例如为避免烃类污染水体，可使用非分散性的化学清洁剂来清理溢油。化学清洁剂需要与油充分地结合，一般应保证半个小时或大于一个小时的接触时间，并且在使用化学清洁剂后溢油可以被低压常温水清洗。但需要注意，一些溢油分散剂、消油剂等化学试剂的投加可能会导致水体的二次污染及生态影响，因此在使用化学试剂之前一定要获得当地环保部门的允许及监督，在合理范围内按照正确的方法使用。具体可参考分散剂、凝油剂和集油剂的介绍。

二、江海湖泊溢油应急处置技术

1. 溢油控制

1）围油栏的选用

江海湖泊的水域面积较为开阔，一般是采用船舶布放围油栏围控溢油。在选择围油栏时，应主要考虑的因素有围油栏的抗拉强度、布放难易程度、结构合理性、储存空间、浮重比（应在 8∶1 以上）、干舷和吃水、相应的配套设备。就开阔水域而言，选择充气式帘式围油栏较为合理。

围油栏本身难以在不平静的水域中承受风、潮流等外力。例如，一段 100m 长的围油栏所受的力可达 100kN 左右，具体取决于海况和围油栏的结构，因此，围油栏的布放长度是有限制的。在布放前，应在陆地或船舶甲板上将围油栏组装好，所需要的长度可以参考表 5-1。根据围油栏的种类和使用区域，布放围油栏的方式很多，可以从岸上、码头、船上、卷轴、集装箱以及平台上进行布放，通常从船舶上和岸上布放。

表 5-1　常规条件下围油栏的布放长度

应用场合	水域环境	围油栏长度
围控沉船	取决于海况	船长的 3 倍
围控装卸点泄漏	平静水域或取决于海况	船长的 1.5 倍

应用场合	水域环境	围油栏长度
与收油机配合使用	海上	每台收油机配备460~610m
保护河流入海口	平静水域	水域宽度的3~4倍
保护港湾、港口、沼泽地	平静水域或取决于海况	水域宽度的（1.5+流速）倍

2）围油栏的布放

（1）O形布放。

如果没有水流或者水面很平静，石油便会在水面或者向开阔水面扩散，因此溢油控制最普通的一种便是在泄漏油品四周通过船只部署围油栏进行隔离。在隔离时，可采用一艘船牵引围油栏形成一道（图5-18）或者两道隔离（图5-19），以保证更好地围控溢油，同时要尽可能地将泄漏油品控制在紧靠泄漏源的范围之内；在油品广泛扩散之前便对其进行有效的控制，以防止油品进入主要河流；隔离后使油品向岸边移动，把回收与清除的成本降低到最低程度。

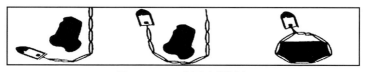

图5-18　一道围油栏隔离

图5-19　两道围油栏隔离

（2）U形布放。

U形是围油栏最普遍的布放形式，通过用两艘船牵引围油栏的两端或锚定围油栏，或两者相结合的方法布放。采用U形布放时要求围油栏顶部的流速不超过0.5m/s这一临界速度，超过这一速度油就会泄漏。U形布放是采用两艘船并行地拖带围油栏，如图5-20所示。拖带的围油栏长度一般为600m，拖带时为保持正确的位置，两艘船舶需并行操纵。当前两艘拖带船并行向前时，可同时采用第三艘船舶置于U形的底部外侧，利用收油机或回收船等回收设备进行回收作业。这种形式的围控作业，适用于回收油量较大的任务，需保证第三艘船有足够的仓容。

图 5-20　三船 U 形布放围油栏

在开阔水域，通过整个围油栏系统顺流而下的形式可以保证围油栏顶部流速低于临界速度，从而可保证 U 形布放的实现。但如果速度过大，则一开始会有少量石油泄漏，随着相对速度的增大，大量石油会相继泄漏。

（3）J 形布放。

J 形布放是 U 形布放的一种变形，经常用于牵制溢油，同时将溢油引至围控区域。在开阔水域的 J 形布放通常采用两船布放，也称作 J 形拖带（图 5-21）。

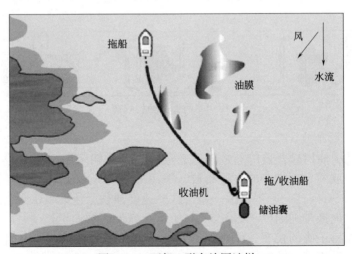

图 5-21　两船 J 形布放围油栏

J 形布放围油栏时一般同时需要两艘船。一艘是主拖船，拖带围油栏较短的一端，同时携带回收设备进行溢油回收作业；一艘是副拖船，拖带围油栏较长的一端。

围油栏的长度约为 200~400m。一般主拖船至 J 形底部之间围油栏长度为 20~40m，并将收油设备放置在 J 形底部。围油栏紧靠在主拖船侧 10~20m，以便于收油机或其他回收设备的操作。

为了保持理想的围油栏底部形状，可拉动连接围油栏与船舶之间的绳索调节围油栏底部的形状。

当用于溢油导向时，J 形布放围油栏的长度为 100~400m，若围油栏过长，因辅助船舶难以维持理想的位置，系统性能就会下降。

在进行双船拖带作业时，通常采用主拖船为指挥船，作为指挥船，主拖船可根据溢油清理情况，及时向前面的拖船发出指令，因此在作业过程中拖船与主拖船应保持通信畅通，拖船严格按照指令调整航向和航速，从而确保维持良好的 J 型围扫形式，以实现最佳溢油回收效果。

（4）V 形布放。

① 单船 V 形布放。

对于开阔水域，在进行单船 V 形布放时，需要挺杆（伸出臂和浮子）、溢油回收船舶或具有收油机的围油栏等设施。挺杆长度一般为 5~15m，可根据船舶的大小选择。单船拖带可采用单侧拖带形式，即从船舶一侧伸出挺杆进行溢油围扫（图 5-22）；也可采用双侧拖带形式，从船舶两侧伸出挺杆进行围扫（图 5-23）。但采用该方式不适合布放大型围油栏。

图 5-22　围油栏单船单侧拖带

图 5-23 围油栏单船双侧拖带

V 形单侧拖带是将围油栏分别与船舶和伸出臂的顶端连接，V 形一侧围油栏长度通常从 10m 到 50m 不等，主要取决于船舶的大小。这种布放形式，只能形成一个回收区，因此只需将收油机放在 V 形的底部，即溢油最集中的地方进行回收。回收过程中，应注意观察，不断调整挺臂，使 V 形的底部尽量靠近船舷以便于回收。单侧拖带如果回收的溢油呈固体状态，则应采用收油网进行回收。

如在船舶双侧布放围油栏，则可形成两个回收区域，这样不仅可以使船舶两侧的受力基本相同，而且船舶在这种情况下比单侧围扫更容易操纵。值得注意的是，如果可拖带的水域狭窄，就不能采用双侧拖带。

成功的双侧拖带作业，需要大量的相关设备，因此对船舶而言，要求宽阔的甲板空间，以存放足够的溢油回收和存储设备，以及足够的空间供应急人员进行清污作业。

② 三船 V 形布放。

如图 5-24 所示，对于开阔水域，双船 V 形布放通常由两个围油栏组成，同时在两围油栏的顶端会有收油机或回收船提供反作用力。

三船 V 形布放是由 U 形布放进一步发展而成的，两段围油栏在开口处分别向两侧延伸 3~10m，形成一个漏斗，利用绳索调整 V 形底部，使其开口宽度为 5~10m，以减少湍流对浮油的影响。该形式能够控制溢油的流动，使回收工作更加容易。然后，利用收油机或回收船进行溢油回收。

2. 溢油回收

1）使用收油机回收溢油

在开阔水域使用收油机应具有较好的随波性，以便于在船舶或其工作平台上开展操作。适用于该水域的收油机的类型有堰式收油机、动态斜面式收油机、刷式收油机、带式收油机、立式绳式收油机、盘式收油机等。在开阔水域使用回收速率为 $50 \sim 400 \mathrm{m}^3/\mathrm{h}$ 的大型堰式收油机时，应考虑储油装置的容量是否能够满足堰式收油机工作 $2 \sim 3\mathrm{h}$ 的回收容量，因为储存容积的限制将会影响溢油回收效率。

图 5-24　三船 V 形布放围油栏

2）使用收油网回收溢油

先将收油网的围油栏、网口架和集油网连接好，集油网后端用后封口绳封死，然后放入水中。工作时用两条拖带船拖带围油栏，使围油栏呈 V 形张开，两围油栏夹角应当不大于 $40°$，拖带速度应不大于 $1.03\mathrm{m/s}$。水面溢油由 V 形开口经过网口架进入集油网。集油网的后部装满油后，用集油网前封口绳将网前端封死。装满油的集油网可用绳吊到合适的地点，解开后封口绳将网中油放出。同时需要注意，操作人员应佩带工作帽、工作鞋、并穿上救生衣；工作应在足够的水深的开阔水域（3m 以上）中进行，水域中应无刮坏油网的可能物质存在；且应在拖船和围油栏均可正常工作的海况下进行操作。

3）吸油材料回收溢油

对于开阔水域，可以将吸油材料撒在或铺在溢油的上面，依据现场情况选择吸油毡、吸油栏或吸油颗粒。利用网障来阻挡和汇集漂浮在水道上的松散的吸附剂材料。

4）现场燃烧

现场燃烧又称为就地燃烧或控制燃烧，是一种应对溢油的非机械溢油应急方法，它是将泄漏油品围控在一个相对可控的区域内进行点火燃烧处置的方式。现场燃烧技术可以防止油品蔓延或者影响敏感的场所，能够非常快速地处理大量的溢油，减少对环境的破坏，处理能力能达到 90% ～98%。如果溢油量较大，油品回收能力不足，例如收油机、吸油毡等物资设备存储不足或处理能力不够，可采用现场燃烧的方式。该方式能有效地节约溢油应急资源，相对来说处理成本也比较低。

在实施现场燃烧时，需综合考虑多种因素，例如风速、风向、水流方向和速度、处理现场距人口居住区的距离、如何布置防火围油栏等。通常为了防止油层热量向油层下的水层传输产生损失，需确保油层最小厚度不少于 2~3mm，且泄漏油品为中质原油、轻质原油（即 API 重度大于 32°或密度小于 0.864g/cm³），满足这些条件时溢油容易被点燃，且燃烧效率高，产生的残留物相对来说也较少。为防止溢油发生风化或乳化，溢油进入水体时间一般不超过 2d，油品挥发程度小于 30%，含水量小于 25%，且厚度已达到 2~3mm，风速不超过 37km/h，波浪高度小于 0.9m，距离人口居住区距离应大于 1.6km，且位于人口居住区下风向；制定燃烧方案时还应对现场作业人员和周边居民采取安全防护措施；在就地燃烧过程中利用防火围油栏围成最佳池火燃烧环境，且可为维持燃烧状态创造条件；另外在采用现场燃烧时，除了需要满足以上相关技术条件，还需满足当地政府以及相关监管部门的要求。

在采取现场燃烧方式进行点火时，要根据溢油种类选择点火装置。对大型连续溢油的现场或已经被防火围油栏控制的溢油可只使用一个点火装置。但如果溢油已经风化或乳化，或者溢油易被风、波浪搅动，则可能需要多个点火装置才能保证点火成功。一般采用手持式点火器和直升机点火器，二者都是使用柴油点火，在有些情况下浸有油的破布也可以作为简易的点火装置。

燃烧时需要严密监控空气质量，尤其需要注意燃烧现场周边容易着火的物质，并应对现场附近林木、船坞或相关设备进行检查，注意监测顺风烟雾，以防烟雾和燃油的移动引起次生灾害。

三、沼泽湿地溢油应急处置技术

1. 溢油控制

1）水域较少地区的溢油控制

对于水域较少的地区，可利用现场地形围控溢油。如果现场土、沙或者砂砾可以利用，可利用移土设备或手工工具就近取沙土，用沙袋在现场筑坝围控。也可沿着泄漏现场的周边开挖沟渠、集油池等进行围控，防止溢油的扩散，需要注意的是沟渠要力求浅、窄，以最大限度地降低现场受影响范围。如果重型挖掘设备可以进入现场，则可采用挖掘机现场施工，减轻劳动力，提高溢油围控效率。如果是在冬季，可利用现场的冰、雪砌筑围控设施，防止溢油扩散。

在围控溢油时，需要注意控制溢油的地下渗透，可采用防渗膜，或者在围堤内注水，使油层漂起以防止渗透。这种方法能够迅速控制溢油，但是现场如果取土较难时，则会增加施工成本。

2）水域较多地区的溢油控制

在水域较多的地区，取土较难，可采用围油栏的方式对溢油围控以防止其继续扩散。同时如果现场水为流动状态，则需要构筑控制堰进行导流，控制堰的要求与沟渠溪流的溢油控制要求一致。在冬季，也可利用现场的冰、雪砌筑围控设施，防止溢油扩散。

2. 溢油回收

沼泽湿地的溢油回收方法，要考虑环境敏感度，如果人工进入污染场地会对环境产生较大影响，则采取自然修复的方式；如果可以进入场地，则可以借鉴有水沟渠溢油的回收清除，采用抽水泵、真空油槽车、吸附剂、化学制剂等方式回收；另外还可采用现场燃烧的方式进行清除。

1）使用真空油槽车回收

当重型设备不易进入，而且油层较厚时，可用真空油槽车将溢油吸入储油罐内。当油槽车不易进入污染场地时，也可直接使用抽水泵回收。如果溢油固化，可使用高压清洁装置。

2）使用吸油材料回收

在清除单独区域内小范围的泄漏油品，且不用移除已经渗透至沼泽中的所有泄漏油品时，可使用吸油材料进行回收。需要注意的是吸油材料不适合于冬天使用。具体操作参考河流溢油回收。

3）使用现场燃烧处置

采用现场燃烧技术应对陆地的溢油比水上的溢油更加方便，因为陆地的溢油不会乳化或者很快就变成薄薄的油膜，而且溢油区域也更容易到达。当不适合采用其他方法或者会对所在区域造成更大的危害时可采用现场燃烧。

具体操作时，首先在不影响沼泽排水模式的情况下，清除植被上的泄漏油品覆盖层；使用防火围油栏将油品圈围至水流平稳且周边环境空旷的河段；确保在距燃烧点 1.6km 范围内无环境敏感点和人口稠密区，当最小油膜厚度达到 2~3mm，风速小于 40km/h 时，即可进行现场燃烧。

4）使用化学清洁剂

沼泽湿地可能处于环境敏感区域，因此在使用化学试剂之前需要获得当地环保部门的允许及监督。具体使用操作可参考河流溢油回收部分的介绍。

5）使用人工方法回收

重型设备会对环境造成破坏，对小范围的溢油回收清除，可采用人工方法。具体操作包括挤压沟渠中有机物中的泄漏油品，清除水位以下 5～10cm 厚的突出植被等。当清除工作对人体有害时，应停止采用人工方法。人工方法属于劳动密集型工作，可利用手动工具（铁铲、铲斗、手压滚筒、橡胶滚轴）减轻劳动强度。

四、冰上溢油应急处置技术

1. 溢油控制

1）冻土地区冰上溢油控制

在冻土地区，泄漏现场周边的土质可以利用时，与水域较少地区的溢油控制类似，利用现场地形围控溢油。如利用移土设备或手工工具就近取冻土在现场筑坝；也可沿着泄漏现场的周边开挖沟渠、集油池等，防止溢油扩散，然后进行回收。沟渠要力求浅、窄，降低现场受影响范围。如果冻土地区重型挖掘设备可以进入现场，则可采用挖掘机现场施工，减轻劳动力，提高溢油围控效率。

需要注意的是要防止溢油向土壤深处扩散。研究发现对于石油污染物，多年冻土并非不可渗透的屏障，对于石油污染物，最深可以迁移到冻土上限以下 1.5m 和 0.6m 之间。研究表明，冻土中石油污染物迁移的主要机制是毛细作用和裂隙或孔隙中的重力迁移。

因此需采取措施尽量减小影响范围，阻止溢油渗入土壤深层迁移。在冬天解冻时，要及时移除受污染的土壤。

2）冻冰地区溢油控制

在冬季河流或湖泊冻结的冰面上发生溢油时，工作人员进入现场需要首先计算冰上的承载能力，才能采取控制措施。现场可利用冰、雪砌筑围控设施，防止溢油扩散，然后进行回收。

一般用以下公式计算冰层的承载能力：

$$冰层的全部有效厚度 = 蓝色冰的厚度 + 1/2 白色冰的厚度 \qquad (5-1)$$

其中，蓝色冰是一种透明的、压缩的、不含任何气孔的冰。它质地非常坚硬，而且具有强大的负载能力。白色冰或者雪冰含有很多气孔，负载能力较蓝色冰的小。

例如，泄漏现场的蓝色冰即纯洁冰厚度为 50cm，雪冰即白色冰厚度为 20cm，那么冰层的有效厚度为 60cm。如果有好几层冰，那么只采用白色冰层的顶层的厚度。

表 5-2 显示了关于冰上继续行进和工作时所需的有效冰层厚度，以此作为准则选择在不同冰层厚度时可以工作的设备。

表 5-2　冰层厚度与容许负载

持续穿行时的负重能力		
容许负载	冰层的有效厚度（cm）	
	湖泊	河流
一人步行	5	6
小组列队行进	8	9
2000kg 的客车	18	21
2500kg 的轻型卡车	20	23
3500kg 的中型卡车	26	30
6800～8000kg 的重型卡车	36	41
9000kg	38	44
23000kg	62	71
45000kg	79	92
68000kg	100	115
109000kg	125	144
固定负载和工作时的负重能力		
容许负载	冰层的有效厚度（cm）	
	湖泊	河流
1000kg	20	23
2000kg	30	35
4000kg	45	52
8000kg	60	69
23000kg	110	127
45000kg	150	173
68000kg	180	207

温度会对冰层的有效厚度产生影响，进而影响冰层的负载能力。如果要使冰层具备表 5-2 所规定的负载能力，那么白天的温度必须保持恒温而且长时间位于 0℃ 以下。各种冰层厚度保持的时间长度如表 5-3 所示。一般来说，0.5m 厚冰层可以支撑重达 10t 的双轴式油罐卡车；0.9m 厚的冰层可以承载

D-8 型山猫设备。

表 5-3　各种冰层厚度保持的时间长度

冰层厚度（cm）	恒温保持时间（d）
低于 50	3
50~100	4
>100	5

2.溢油回收

1）使用真空油槽车回收

当油层较厚时，真空油槽车可以接近冰层区域时，可采用真空油槽车将溢油吸入储油罐内。当油槽车不易进入冰层区域时，也可直接使用抽水泵回收。如果溢油固化，可使用高压清洁装置。

2）使用人工方法回收

当溢油较厚或油品与雪混合时，可采用人工方法回收清除溢油。在使用人工方法时，要首先评估冰层的有效厚度、设备的可利用程度，才能确定工作人员能否进入场地以及使用哪种冰雪移除设备。使用的设备主要有反铲机、推土机、铁铲，自动倾卸卡车，带衬壁的存储设备（储存雪和冰）等。

3）使用蒸汽加热回收

回收了大多数泄漏油品之后，冰块中残留的溢油不易回收，这时可采用蒸汽设备对冰面进行加热，将冰块融化后再进行回收清除溢油。

4）使用现场燃烧处置

当泄漏发生在河流结冰的季节，大量油品被包裹在冰水中，这种情况很难采用机械回收，现场燃烧是一种比较有效的处理方式。针对浮冰，可以利用风、水流或冰使溢油集中在一起，然后在溢油厚度足够处燃烧；针对溢油在冰上的固定冰，可以用拦油坝，使油流入集油坑，并在集油坑内燃烧。具体操作要求参考沼泽湿地的现场燃烧处置条件。

五、冰下溢油应急处置技术

1.溢油控制

1）较薄冰层下的溢油控制

在较薄冰层下发生溢油时，需要先通过航空测量或观察冰层裂缝、开阔处表面来确定泄漏油品的所在位置，确定了泄漏油品的位置之后，可以破除水面薄冰层，参照河流或者江海湖泊等开阔水域条件下的溢油进行控制。

2）较厚冰层下的溢油控制

当溢油发生在较厚冰下时，溢油控制会较为困难，首先需要通过在冰层钻孔，测量确定冰层的厚度，进而评估冰层对于工人和设备的承载能力，具体可参考冻冰地区溢油控制时冰层的承载能力计算方法。

对于河流等流动水域，在确定冰层承载能力后，首先要在水道中央处的冰上钻出试验孔，用以确定泄漏油品的位置和速度。确定溢油位置后，使用机械设备或工具将冰面开槽。对于很厚的冰层，使用反铲机或者开沟机进行冰上开槽；对于较厚的冰层，使用带有冰刃的轻便式链锯，开槽的宽度大约与冰层的厚度相当。在一般情况下，3人小组可以 50m/h 的速度开设冰槽；可备有链锯、开沟机、收油机、抽水泵、真空油槽车等回收设备；同时可使用蒸汽设备以确保沿线不会冻结。一般 0.5m 厚冰层可以支撑重达 10t 的双轴式油罐卡车；0.9m 厚的冰层可以承载 D-8 型山猫设备。河流冰上开槽布置见图 5-25。开槽后，采用逆流放置夹板的方式，将冰下溢油引导至回收溢油的

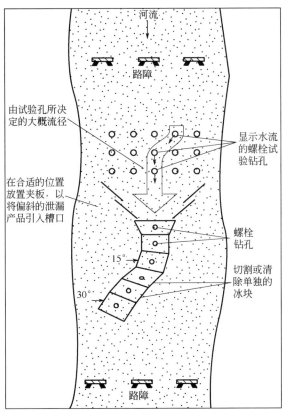

图 5-25　河流冰上开槽示意图

开槽口，防止溢油扩散。

对于湖泊等静水水域，操作相对简单，在用试验孔确定了溢油的范围后，可在冰上直接开槽，并放入收油机，然后在冰中距离收油机槽的一定位置进行螺旋钻孔，再连接抽吸机与带有软管的支管，将软管接入每一个螺旋钻孔和循环水中，以便将平滑水面导入收油机冰槽中（图5-26）。

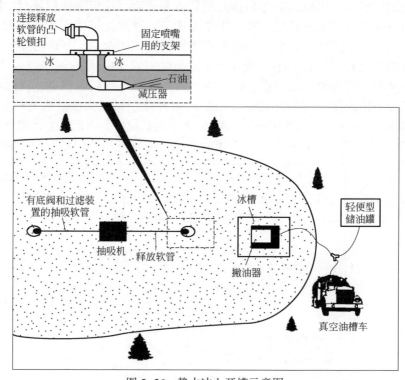

图5-26　静水冰上开槽示意图

需要注意的是由于在冬季不可能完全回收泄漏油品，等到春天或者夏天冰融化时需及时清除残留溢油。

2. 溢油回收

1）使用收油机回收

对于冰下的溢油，可通过鼓式收油机或者热跟踪型防冻收油机对冰下的泄漏油品进行回收。然后直接将所回收的油品放入油罐卡车、轻便型储油罐、燃料储存器或者其他的储存设备中。

2）使用现场燃烧处置

如果冰下溢油较多，且设备不易进入时，可考虑采取现场燃烧处置。在开凿冰槽后，采取使溢油流入集油坑的方式汇集溢油，然后在集油坑内燃烧。回收冰下泄漏溢油时，应同时对冰块进行物理清除并置于储存区。

第三节　站外油品管道泄漏污染土壤应急处置技术

一、地下水污染控制技术

1. 溢油控制

根据地下水所处的土壤颗粒大小不同，地下水污染控制技术可以分为基于黏土细砂土壤的地下水污染控制和砂卵砾石土壤的地下水污染控制。黏土细砂土壤的地下水污染控制主要采用沟渠法和屏蔽法。砂卵砾石土壤的地下水污染控制主要采用抽水控制法和抽水—注水控制法。

1）沟渠控制技术

沟渠控制技术通常能有效地处理溢油污染物，适用于对含水层较浅、土壤不均一性较大、渗透性较差、饱和含水层厚度小且容易到达污染场地的修复。

具体实施时，在受污染地下水流的下游挖一条足够深的沟渠，沟渠深度要低于地下水位，使石油污染物往沟渠中富集，通过在沟内布置收集系统，将水面漂浮的油品收集起来，或将受石油污染地下水收集起来进行处理。

美国广泛利用该技术治理受石油污染的地下水，并取得了较好的成效。但沟渠控制溢油技术的实施所需的工程量大，对受污染土壤及地下水的处理成本较高，对于污染物延伸到地表深处或污染发生在难以施工开挖沟渠的区域（建筑下部等）或拥挤地区时，该方法难以实施。

2）屏蔽技术

屏蔽技术是通过在地下建立物理屏障，将受污染的水体封闭起来，一方面可以防止石油污染物进一步污染清洁的地下水，另一方面阻止上游清洁的地下水进入受污染区域，从而有效地避免了污染物的扩散。可用来防止污染物在地下水中扩散的物理屏障包括泥墙、帷帐式灌浆、打板桩等。

屏蔽技术能有效地将石油污染物控制在一定的区域内，能避免其对敏感区域的污染。一般是在地下水污染治理的初期，用于临时控制地下水域污染扩散，而只有当在处理小范围的剧毒、难降解污染物时，才会考虑采用永久性的屏蔽方式。该方法还可与抽水结合起来使用，以提高控制效果。但屏蔽实施起来所耗费的工程量大，成本高。

3）抽水控制法

砂卵砾石的土壤渗透性较强，可采用在地下水石油污染场地的区域范围内设置抽水井的方式被动控制溢油污染。

抽水控制法是通过水泵将受石油污染的地下水从井中抽出的方式，降低水井周围地下水位，使受污染地下水向水井移动，从而防止溢油的扩散。抽出的污染地下水送往净化系统处理，处理后的水供给用户或回注至含水层。该方法实施的关键是建立合理的井群系统，能够使溢油污染地下水得到有效控制，见图5-27。

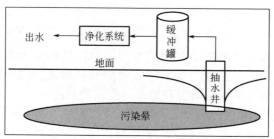

图5-27　抽出—处理技术示意图

抽水法操作容易，见效快，周期短，效率高，无二次污染，能在井中实现对油品和水的分离，有效控制污染物的污染范围，是处理污染范围大、污染晕埋藏深的受污染地下水的主要方法，适用于较低潜水位地下水的处理。需注意的是，要求污染地下水区域的土壤渗透率足够大，抽出的大量溢油污染水要及时储存，防止运输过程中产生乳化作用，从而降低后续处理成本。

4）抽水—注水控制法

抽水法虽然有许多优势，但对土壤渗透率较大的、地下水流速度较快的地区，难以将受污染地下水控制在一定范围，有效抽出受污染地下水。为克服上述问题，人们提出了抽水—注水联合控制的方法，也称为分水岭技术。在有坡度的地区，在受污染地下水的上下游设置井群系统，通过抽水和注水相结合的方式，改变地下水的水力梯度，使污染物仅存在于井群系统内部，比单一抽水控制法能可更有效阻止污染物扩散。根据抽水和注水的上下游顺序，一般可分为上游分水岭技术和下游分水岭技术。

上游分水岭技术是将一排注水井设置在受污染地下水体的上游，通过上游注水井向受污染地下水层注入清水，在污染物上游形成一个地下分水岭，阻止上游未受污染地下水进入污染区；同时，将另一排抽水井设置在受污染水体下游，用于污染地下水的抽出处理，如图 5-28 所示。

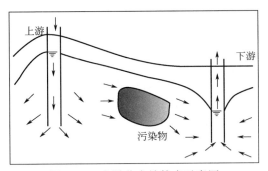

图 5-28　上游分水岭技术示意图

下游分水岭技术则是将一排注水井设置在受污染地下水体下游，向注水井注水，在下游形成一个分水岭，阻止污染区域向下游扩展，同时，将另一排抽水井设置在污染水体的上游，将从抽水井中抽出的未受污染地下水利用地势送到下游注入，抽出的污水进行处理，如图 5-29 所示。

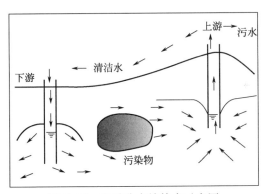

图 5-29　下游分水岭技术示意图

对于土壤渗透率较小的土壤，往往会由于多孔介质对石油污染物的吸附、解吸速率的不一致性而存在着拖尾及回弹现象，要达到处理目标则耗时长、成本高。这时可以采用注入表面活性剂使吸附或残留于多孔介质中的污染物进入水相，从而提高污染物的采出率。该技术使用时需要注意可能会对环境产生二次污染，存在一定生态风险。

2.溢油回收

地下水溢油回收与地表水体溢油回收的方法比较类似，一般是从地下抽出受污染地下水后，储存到液体回收储罐中。如果现场可进入重型设备，现场可带有油水分离系统，将溢油和清洁水流分离开，油品存入储油罐中，清洁水流可注入地下或者用于其他用途。接下来重点介绍轻质非水相液体回收技术。

轻质非水相液体回收即抽取地下水，使地下水环境形成地下水位降落漏斗，轻质非水相液体（light non-aqueous phase liquid，LNAPL）向漏斗中心汇集，然后利用泵直接抽取 LNAPL。抽取出来的地下水经净化处理合格后回注至含水层或使用，抽取出的 LNAPL 则经过脱水等简单处理后回收。处理流程如图 5-30 所示。

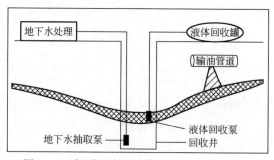

图 5-30　轻质非水相液体回收技术处理流程

该技术操作容易，能在井中实现对油品和水的分离，降低采出水中乳化油的含量，整个操作过程全部自动化，提高了回收率，可适用于较低潜水位地下水的处理。其局限性在于：成本高，系统的启动和调整需要专业人员，大量水需要处理和排放，且在运行过程中易产生乳化作用，从而降低了处理效率，增加了成本，同时会导致较大的接触面污染。适合处理存在轻质非水相液体污染物的情形，对石油污染严重的地下水处理尤为有效。此外，污染场地还需具备以下特点：（1）地下水位降的大小对回收和实现对污染羽的水力控制影响大；（2）含水层渗透性较好、饱和厚度较大；（3）LNAPL 与水的分离设施受限或不理想。

二、地下水污染修复技术

1. 土壤修复

1）物理修复法

（1）焚烧法。

焚烧法仅适用于小范围污染的土壤处理。焚烧法有如下要求：①温度为 815~1200℃；②收集处理焚烧过程中产生的有毒物质；③土壤颗粒直径不大于 25mm。

（2）隔离法。

隔离法是采用黏土或其他人工合成的惰性材料，把被石油污染土壤和周围环境隔离开来，从而暂时地防止了石油烃类的迁移。

隔离法适用于所有石油污染土壤的控制，尤其适用于渗透性较差的场地。

（3）换土法。

换土法主要采用未受污染的、新鲜的土壤对原污染土壤进行部分或完全替换，以达到降低土壤中的溢油浓度，提高土壤自净能力的目的。换土法一般分为翻土、换土和客土 3 种形式。

翻土就是将聚集在表层的土壤分散到深层。

换土即将污染土壤挖走，铺上干净土壤。该方法仅适用于小范围严重污染土壤的处理，需处理换出土壤。

客土法即将大量干净土壤与污染土壤混合或铺在污染土壤上方。

2）化学处理法

（1）萃取法。

对于溢油浓度较高的土壤，可以采用有机溶剂对被污染土壤中的原油进行萃取，然后利用有机相进行分离，回收其中的原油，实现废物回收利用。

（2）化学清洁剂清除法。

将污染土壤弄碎，加入足量的水和清洁剂，通过洗涤的方法来除去土壤中的污染物。使用时清洁剂需要让化学清洁剂与油充分结合，一般要保证 0.5~1h 的接触时间。

使用化学清洁剂后的溢油可以被低压常温水清洗，操作简单方便，但是需要注意的是，有些化学试剂可能会导致水体的二次污染，因此要根据相关标准使用，并且使用前要获得当地环保部门的允许及监督。

（3）化学氧化法。

主要是指向被污染的土壤中喷撒、注入化学氧化剂，使其与污染物质发生化学反应，从而实现净化土壤的目的。

化学氧化法适用于土壤和地下水同时被石油污染的治理。

3）生物修复法

通过生物降解作用，净化松软地面并将其修复到溢油事故前的状态。包括微生物修复、植物修复与植物—微生物联合修复。可以通过改变土壤的温度、pH、供氧量及营养物质含量等理化条件和接种微生物等方式来加速污染场地的生物修复。

在农业区和植被覆盖区，应尽可能改善土壤的通气条件（例如：用犁翻松土地），并向土壤增加营养物，从而促进和加快溢油的生物降解过程。尽量使含油土壤与清洁土壤混合，以降低油—土比例。至于河岸的污染，可以让残留在植被覆盖区和松软地面上的溢油进行自然降解。

在采用生物修复法时值得注意的是：（1）温暖气候可促进细菌生长和生物降解过程；（2）添加过量的营养物，可能会产生反作用，而且也可能会遭到监管部门的反对；（3）应防止雨水径流进入江河支流。

2. 湿地沼泽修复

自然对受溢油污染的沼泽修复作用缓慢，因此有必要根据溢油现场情况，制订一个修复计划。当对溢油区域采取了移走所有植被和沉积物的清除措施时，应优先考虑修复潮间带以上区域的沉积物；在某些情况下，应回填沉积表层，并在沉积表层上种植大米草，待表层土质改善后用当地的种子、幼苗或根茎进行大量移植。在对受溢油污染的沼泽地进行修复时，应根据场地营养条件对移植的沼泽植物进行缓慢施肥，以加快修复进度。根据开阔程度适当调整移植密度，区域越开阔移植密度越大，并对植物的成活率进行严格监视。沼泽溢油难于清洁，在溢油响应过程中应优先保护沼泽，避免受到溢油污染。

湿地修复时间与溢油量及溢油的渗透程度有关。应重点关注轻质原油和轻质成品油的渗透，采取有效措施快速进行修复。应及时清理黏稠的原油或风化的巧克力冻溢油，防止湿地植被窒息而死或修复时间延长。

3. 地下水资源修复

1）自然修复

当地下水只有轻度溢油污染时，可采用让污染物自然衰减的方式进行修复。自然衰减（Natural Attenuation，NA）是指让进入到地下环境中污染物通过吸附、弥散、挥发和生物降解等作用，降低污染物的浓度，防止污染范围进一步扩大，并在较长一段时间后能使地下水得到净化。目前可利用相应的监控技术全程关注自然修复过程。

通常自然修复仅适合处理污染程度低的地下水污染，例如受石油污染严重场地的外围，或污染源很小的区域。可通过风险评价具体判断该技术是否可行，如果污染物的自然衰减速率比污染物的迁移速率要大，则可采取自然衰减的方法来修复受污染地下水。

采用自然修复能将污染物最终转化为无害物质，无二次污染，对生态环境的干扰较小，修复费用低，运行和维护造价低，但需要收集数据，模拟、评估降解速率及途径后才能判断是否可以采用该方法。该方法处理效率低，周期长，在污染物浓度降至一定水平之前场地不能使用。

2）原位曝气修复技术

原位曝气修复技术是在含水层中以一定的压力注入一定体积的气体（通常为空气），通过对可溶挥发性有机物的吹脱，加速位于地下水位以下和毛细管边缘的残留态和吸附态有机污染物的挥发，并加快溶解态和吸附态有机污染物的降解速度来去除饱水带和地下水中的有机污染物。实践表明，在系统运行前期，吹脱和挥发作用占主导地位，而到了后期，生物降解作用逐渐占据主导地位。该技术还能增加地下环境中的氧气浓度，并对含水层和包气带中有机污染物的微生物降解起到较好的促进作用，因此，该技术有时也被称为微生物空气扰动技术。原位曝气修复技术适用于去除所有挥发性有机物及可以好氧生物降解的污染物，在处理均质、渗透性好的受污染含水层时具有很好的效果，此外，该技术还要求有一定的含水层厚度。该技术具有设备易于安装，操作成本低，对修复场地的破坏较小，修复效率高、时间短（在适宜条件下少于 1~3 年），处理工艺简单等优点。但是若操作条件控制不当，可能导致污染物迁移。当含水层介质渗透性较小，或具有低渗透透镜体，或不饱和区厚度过小（小于 1~1.67m）时，修复效果较差。

3）地下水循环井技术

地下水循环井技术又称为蒸汽气提，在 20 世纪 90 年代得到广泛应用。原位井中气提具有特殊的双井屏结构，其工作原理如图 5-31 所示。通过曝气，使气水混合物从内井不断上升至井顶端，随后水在外井自由回落，水穿

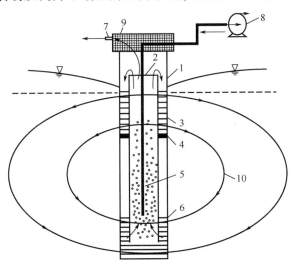

图 5-31　原位井中气提工作原理示意

1—循环井外井管；2—循环井内井管；3—上部穿孔花管；4—密封隔断；5—曝气管；
6—下部穿孔花管；7—尾气出口；8—曝气泵；9—气水分离室；10—地下水流线

过外井上部穿孔花管反渗回含水层，气体则经气水分离器后排出。在曝气过程中，地下水中的挥发和半挥发性有机物会不断由水相挥发进入气相，由空气携带至地面进行处理；同时空气中的挥发物会不断溶解进入水相，强化循环井周围污染物的降解作用。系统运行稳定后，地下水在循环井的周围形成一个三维椭圆形流场，从而使污染物在水力冲刷和浓度梯度作用下不断由介质孔隙往水相中转移，最终通过循环井去除。

在循环井管中设置生物反应器或活性炭吸附罐，或者直接将尾气引入包气带，进行微生物降解等，可使尾气处理方式得到改进。循环井技术结构简单，便于操作维修，对场地环境扰动小，无需将地下水抽至地表，省去大量辅助设施，成本大幅降低。该技术可用于处理低渗透性地层地下水污染。

4）气相抽提技术

对于地下水中挥发性比较强的污染物，可以单独使用气相抽提的方式进行修复。土壤气相抽提修复技术是对土壤挥发性有机污染进行原位修复的技术。在该技术中，通常采用引风机或真空泵产生的负压驱使空气流过污染的土壤孔隙，从而夹带挥发性有机物不断流向抽取系统，源源不断地将挥发性有机物抽提到地面，以进行最终的收集和处理。图5-32所示为气相抽提系统示意图，主要由三个部分组成：（1）地下通风孔，即水平或竖直布置的抽取点；（2）用以从土壤中抽出空气的鼓风机/风扇/真空泵；（3）尾气处理系统。

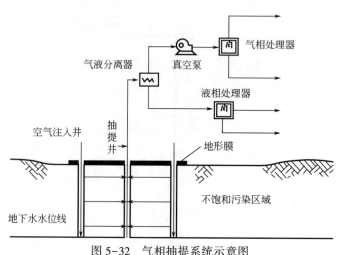

图5-32　气相抽提系统示意图

土壤气相抽提修复技术具有对土壤的扰动性小、处理污染土壤的规模大、处理污染物范围宽、成本低、设计简单、可操作性强、能兼顾地下水的处理等优势。但该技术处理时间较长，受污染物浓度的影响较大，处理效果受土壤类型及土壤层影响较大，且结果难以鉴定。

5）单泵双相抽提技术

双相抽提指的是通过同时抽出土壤中的气相污染物及地下水中的污染物，并分别对污染物进行处理，从而达到对污染场地进行修复目的的一种修复技术，相当于土壤气相抽提和地下水抽出处理联合修复。双相抽提系统可分为单泵系统和双泵系统，适合对挥发性有机污染物及燃料的处理，在非均质黏土及细砂环境下更高效。

单泵系统通过真空设备提供抽提动力，工艺流程如图5-33所示。

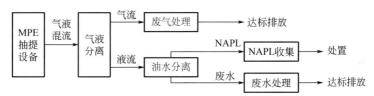

图5-33　单泵双相抽提系统工艺流程

单泵双相抽提适宜对地下水水位波动不大、含有小到中等颗粒土壤的低渗透率场地进行修复。该技术无须井下泵，对场地扰动小，处理时间短（最优条件下半年至2年），地下水的抽提率较高，可在建筑物底下进行，还可用于无法挖掘的区域。但是需要进行油水分离，处理大量地下水，运行时要求繁杂的监测及控制技术。

6）双泵双相抽提技术

由于单泵抽提技术需要油水分离，增加了处理费用，为了解决这一问题，人们通过水泵和真空设备分别将液相和气相污染物抽提至液相处理系统和气相处理系统进行处理，即双泵抽提技术。工艺流程如图5-34所示。

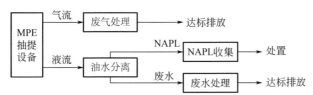

图5-34　双泵DPE系统的工艺流程

双泵抽提技术可对加油站、油库等类型的污染场地进行修复，能灵活运用于地下水位波动较大的场地，对中高渗透率的土壤修复效率较高。与单泵抽提技术相比，双泵抽提技术不需要油水分离，能灵活运用于地下水位波动较大或土壤渗透性范围较宽的场地。

7）强化微生物修复

原位曝气修复技术后期利用微生物的降解作用，消除地下水的污染，但一般条件下地下水中的含氧量及 N、P 等营养物质的含量相对较少，无法满足微生物充分降解石油烃的要求，所以非常有必要往地下水中不断注入氧气和营养物质等，以加强微生物降解作用。原位强化微生物修复技术就是利用土壤微生物或特别培养的微生物在可调节的环境下将污染物转化为无毒物质的技术。

强化微生物修复技术具有操作简单、效率高、经济、很少造成二次污染等多个优点；其局限性在于降解作用并非对所有石油有毒组分有效，环境条件不易控制，对于地下土壤不均一性较大或渗透性较差的污染场地，氧气及营养物质很难到达所有污染点，修复速率较慢。该技术主要应用于石油污染程度较轻及污染物不易转移的污染场地的修复中，能处理挥发性及半挥发性有机污染物，可与其他修复技术联合使用，处理复合污染。

8）化学修复

化学修复是通过氧化、还原、吸附、沉淀、有机金属络合等化学反应使石油类污染物转化为无毒或毒性小的形式，或形成沉淀而去除。化学修复适宜于对小范围石油污染的处理，成本较低。

（1）电化学动力修复技术。

电化学动力修复技术的实施是将电极插入污染区域，施加直流电压从而在污染区域形成电场梯度，使土壤孔隙水中的离子和颗粒物质在直流电场产生的电渗析、电迁移和电泳等电动力学效应沿电力场方向定向移动，迁移至设定的处理区集中处理。对石油污染物而言，主要受到电渗析作用而迁移。

电化学动力修复技术不仅适合饱和土壤水层，还适合含气层土壤的处理，适用于小范围处理吸附性较强的有机污染物，对多相不均匀介质和粒径不同的污染土壤的处理也很有效，不受深度限制，在处理低渗透性黏土、淤泥土壤或异质土壤的修复时独具优势。该技术后期处理方便、二次污染少，不会对土壤的结构和地下的生态环境产生影响，投资少，快速有效，安装操作简便，不受当地水文条件限制。但该技术只能对小范围污染进行处理，对吸附性不强的有机污染物修复效果不是很理想，特别是对于含水率过低（低于10%）的土壤，处理效果大大降低，并且会存在电流降低的极化现象。

（2）化学氧化修复技术。

化学氧化修复技术是一种往污染场地加入强氧化剂，让其与地下水、沉积物和土壤中的有机污染物发生化学反应，从而使污染物得以降解或转化为无毒或毒性较小物质的修复技术。采用的氧化剂主要有二氧化氯、过氧化氢、Fenton 试剂（过氧化氢与催化剂二价铁离子构成的氧化体系）、臭氧、高锰酸钾、过硫酸盐等。氧化剂能与许多毒性有机污染物完全反应生成二氧化碳和水，或者生成一些易生物降解的中间产物，促进污染物的生物降解。

氧化剂注入系统是由注入管和注入系统组成。主要包括注入泵、注入罐、氧化剂罐、管道、电气及仪表系统。注入管采用耐氧化剂腐蚀材料（不锈钢材料等）制成，应用时埋入污染区域，根据影响半径确定各注入管间距。操作过程中先用水调试注入压力并清洗管道，随后注入氧化剂，最后注入压缩空气以促进试剂在污染区域的扩散。

化学氧化修复技术能有效去除氯化溶剂、苯系物等挥发性有机物，对于一些半挥发性有机物如多环芳香烃等有一定的效果，能高效处理含非饱和碳键的化合物。与其他修复技术相比，原位化学氧化修复技术具有不开挖土地、不破坏地上结构、周期短、见效快、成本低和处理效果好的优点。但由于氧化剂多种多样，氧化剂的使用可能会给土壤及地下水环境带来二次污染。原位化学氧化修复技术可灵活地应用于不同类型污染物的处理，也可与其他修复技术联用。

（3）有机黏土修复技术。

对于含有黏土的地下水污染地区，可在现场向污染区域的蓄水层中注入季铵盐阳离子表面活性剂，使土壤和含水层物质中含有的黏土形成有机黏土矿物，利用有机黏土矿物的吸附作用对疏水性有机污染物进行截流或固定，以防止污染物在地下水中的进一步扩散。该方法可与生物降解等手段配合使用，从而大幅增加疏水性有机物的溶解及生物可利用性，永久性地消除地下水污染。

尽管有机黏土对疏水性有机污染物的吸附稳定性及其影响因素有待进一步研究，但这一修复技术在有机污染修复中有着广泛的应用前景。该技术开发利用价值很大，治理成本低，在一般性环保技术不能解决的非点源区域性污染方面能发挥独特的作用，且黏土矿物在我国资源丰富，易于获得。该技术可用于处理地下水中的疏水性有机污染物，适用于在治理初期对污染物的固定，尤其在注入特殊表面活性剂时能形成有机黏土的污染场地，此法更方便、有效。

（4）可渗透反应墙修复技术。

可渗透反应墙技术是将一面可渗透反应墙安装在地下含水层中，反应墙垂直于地下水流方向，从而达到污染物处理目的。当地下水流通过可渗透反应墙时，污染物会与墙体材料发生反应而被去除，以实现地下水环境修复。用于反应的充填介质可以为挥发性有机物的还原剂（如零价铁等）、微生物生长繁殖的营养物或用以强化处理效果的其他物质。按反应类型的不同，可以将反应墙分为物理反应墙、化学反应墙以及微生物反应墙等，按结构形式可将其分为连续式反应墙和漏斗—导水式反应墙。污染物会在反应墙中被降解、吸附、沉淀，从而消除毒害。

可渗透反应墙修复技术适用于对石油中挥发性及半挥发性有机污染物如苯系物、多环芳香烃等化合物的处理。与其他原位修复技术相比，可渗透反应墙修复技术的工程设施较简单，无须额外提供动力及地面处理设施；能长期有效运行，处理多数污染物，而且成本较低。但另一方面，这一技术需及时清理，定期更换维护；要控制好 pH 值；如果更换修复方案会比较麻烦，还可能会造成二次污染。

（5）表面活性剂增效修复技术。

传统抽出—处理技术处理石油污染地下水往往会由于多孔介质对石油污染物的吸附、解吸速率的不一致性而存在着拖尾及回弹现象，要达到处理目标则耗时长、成本高。表面活性溶剂能使含水层中的非水相液体及吸附于土壤颗粒中的污染物的溶解性和流动性加强。表面活性剂增效修复技术（SEAR）的具体实施过程是将表面活性溶剂注入地下水污染区域，与污染物发生反应，使吸附或残留于多孔介质中的污染物进入水相，并通过抽提井抽出，在地表经处理合格后回注至含水层。

抽出—处理技术与表面活性剂溶液的联合使用能大大提高修复效率，在促进污染物抽提速率的同时还能提高污染物的生物可利用性，同时可以有效避免拖尾和回弹现象，但该技术成本高、可能会对环境产生二次污染，存在一定生态风险。与抽出—处理技术相比，表面活性剂增效修复技术的适用范围相对较广，比较适合用于污染晕埋藏深、污染范围大的污染场地的短期应急控制，不能作为长期治理手段，对轻质非水相液体去除效果明显。

第四节　泄漏污染事件案例

一、Enbridge 管道公司原油管道泄漏事故

1. 事故概况

2010 年 7 月 25 日下午 5：58（东部夏令时间），位于密歇根州 Marshall 的一块湿地中一段直径为 30in 的管道（输油管道 6B 线）发生破裂，该管道所

属于 Enbrigde 公司。此次破裂事故发生在一次计划停输的最后阶段，且超过 17 个小时未被发现并进行处理，这期间，Enbridge 公司在两次再启动中将更多的石油（占总泄漏量的81%）泵送到输油管道 6B 号线中，总原油泄漏量估计为 8.43×10^5 gal。石油渗入周围的湿地并流入 Talmadge 溪和 Kalamazoo 河。事故发生后周围环境遭受影响，当地居民自发撤离。

Enbridge 公司 2010 年度报告显示此次 6B 管线泄漏事故造成损失 1320×10^4 美元。Enbridge 称更换受损的 6B 管线（约 50ft）耗资 270×10^4 美元。截至 2011 年 10 月 31 日，Enbridge 用于应急抢险装备、资源、人员的开销以及清理 6B 管线的泄漏原油需要的专业和管理上帮助的支出合计约 7.67×10^8 美元，其中包括联邦政府用于清理工作和雇佣承包商所花的约 4200×10^4 美元。截至本报告发布，清理工作仍在进行，后续支出超过 7.67×10^8 美元。据报告有大约 320 人出现与石油泄漏相关的症状，尚无死亡报告。

2. Enbridge 的应急响应措施

2010 年 7 月 26 日上午 11：45，事故发生地点有 4 名 Enbridge 人员：马歇尔 PLM 的路口协调员、电工和 2 名管道高级雇员。确认管道破裂点附近有原油后，路口协调员沿着 Talmadge 溪往下游走以确定原油扩散范围，最终发现原油没有漫过破裂点下游约 1.5mile 的北侧快速路；在破裂点下游约 1mile 处，15.5 英里路的溪流渡口处有大量原油。

这 4 人返回了马歇尔 PLM，之后开真空抽油车、工作车、半挂车和围油栏拖车返回事故现场。大约中午 12：10，他们回到北侧的快速路并沿着 Talmadge 溪铺设了两层 20ft 长的吸油围栏，此处只发现水里混有少量原油。他们还沿着 Talmadge 溪在北侧快速路上游处和北侧快速路南面的涵洞里铺设了 20ft 长的吸油围栏。Enbridge 的路口协调员告诉美国国家运输安全委员会（NTSB）的调查员，马歇尔 PLM 的员工采用上述拦油措施时并未意识到这次原油泄漏的严重性。这批 Enbridge 第一反应人员在采取拦油措施时并未估计出泄漏的量。

大约中午 12：30，马歇尔 PLM 的员工往上游走到了 15.5 英里路到达 Talmadge 溪交叉处，随后在涵洞上游安装了一段 40ft 长的围油栏和数段吸油围栏，之后直到晚上 11：00，他都在用马歇尔 PLM 的真空抽油车和撇油器回收原油。

Enbridge 贝城的 PLM 监督员（芝加哥地区经理到现场前的临时主管）告诉 NTSB 调查员，他中午 12：46 到现场时，发现含有原油的水流以很大的流量穿过分支快速路下面的 48in 管径钢制涵管，之后流入 Talmadge 溪，泄漏出来的原油囤积在了分支快速路上游（南面）。该监督员称其想用土把涵管堵上，但水流太大没成功。

　　大约下午1：30，马歇尔的PLM监督员赶回到现场，并与贝城的PLM监督员协商决定：由马歇尔的PLM监督员尽力堵住泄漏源，贝城的PLM监督员往下游方向赶，期望在原油流动的最前端安装围油栏。与此同时，7月26日他们将泄漏情况上报了国家应急中心（NRC），NRC将此次泄漏事故通知了16个联邦和州立机构。

　　下午4：30到6：30，4个储油罐被运到马歇尔PLM临时储存真空抽油车收集的原油。但湿地环境加上泄漏出来的原油致使真空泵车和挖掘机很难接近破裂点，救援人员只好在破裂点周边铺设大型木垫让重型机械设备靠近泄漏点。事故现场的地貌也给开裂管道和控制泄漏点附近原油的收集工作造成了困难。贝城的PLM监督员估计作业期间一共有14名Enbridge员工和6~10名Terra Contracting和Baker Corporation（事故主管联系了供应商来帮助回收原油和提供油料储存设备）的员工在现场工作。大约下午4：32，第1位美国环保局（EPA）的现场协调员抵达马歇尔来评估流入Talmadge溪的原油量。马歇尔的PLM被用作事故指挥中心。

　　马歇尔的PLM监督员与一个6人小组一起筑了一道土质截流坝来阻挡含油水流通过，坝底埋有往漏油端抬高了的通水管道。管道埋设角度使得水流向下游流的同时能阻止表面的含油水流入Talmadge溪。

　　但组员发现沼泽地的跨度太大、土质太软，一直没法在靠近泄漏点处筑造土坝，之后组员使用重型设备在受污染沼泽和Talmadge溪交汇处筑起一道混合了碎石子的土坝。Enbridge员工用在马歇尔的PLM发现的数段12in盈余的聚氯乙烯管构筑了截流坝。这种土坝拦油法是Enbridge员工在以前的训练中学到的，是第一次在真实的应急抢险中使用。泥泞的路况和高位的水流让重型设备操作员遇到了极大的麻烦，第一个截流坝于7月26日下午早些时候开始建造，但直到当晚9：00还未起作用。抢险队员不得不经过泥地把真空抽油车先拖到截流坝的位置，再拖到被污染的沼泽地，情况一直持续到第一条石子路修好为止。马歇尔的PLM监督员告诉NTSB调查员大量的原油被隔离在了Enbridge筑造的第一道截流坝和分支快速路间的Talmadge溪中。7月26日，Enbridge至少调派了12辆真空抽油车从截流坝源头、Talmadge溪与分支快速路和15.5英里路的交会点、卡尔霍恩县历史桥公园（也称作民俗公园）的Kalamazoo河几处开展原油回收工作。其他承包商一直到第2天在开展了大规模的原油清理工作后才抵达现场。

　　破裂管段的裂缝长度为6ft8.25in（1.03m），宽度接近5.32in（0.14m）（图5-43）。沿着直焊缝上发生了外腐蚀，腐蚀区的管道和外部聚乙烯保护涂层间的黏合剂已经损坏（脱黏）。防腐层起皱并和管道表面脱离（图5-35的画圈部分)。

图 5-35　2010 年 7 月 25 日管道破裂后 6B 管线的破裂部分

3. 事故原因分析

据美国国家运输安全委员会（NTSB）推断，可能是由于聚乙烯胶黏带防腐层剥落，裂纹和腐蚀缺陷逐渐发展并联合形成腐蚀疲劳裂纹，造成了管道破裂和石油泄漏，而且在超过 17 个小时的时间里都未被控制中心监测到。此次管道破裂和长时间泄漏是由于 Enbridge 公司的常规组织工作失误造成的，具体如下：

（1）完整性管理程序存在不足，被腐蚀部位明显的裂纹缺陷未被发现，直到管道破裂。

（2）控制中心人员培训不足，破裂持续了 17 个小时才被发现，期间还启动管道输送两次。

（3）公众意识和教育不足，首次向当地应急机构报告有异味情况后泄漏还持续了近 14 个小时。

（4）Enbridge 公司的完整性管理计划不足以准确评估和修复裂纹缺陷。

（5）Enbridge 公司的应急预案不足以确保第一响应者得到充分的培训，不足以确保部署的应急资源能应对最坏情况的泄漏事故。

（6）监管要求不充分，管道裂纹缺陷失察。

4. 事故后的整改措施

1）输油管道 6B 号线更换措施

事故发生以来，Enbridge 公司已经公布了两项更换项目，确定名称为一期和二期。这两个项目结合起来将会更换在美国境内的输油管道 6B 号线全线（约 285mile）。

2) Enbridge 公司的应急响应培训

事故发生之后，Enbridge 公司增加了应急响应模拟器实践的次数，将操作员的实践次数从每年一次增加为每年两次。学员每年也会参加两次额外的培训实践。

3) 完整性管理

事故发生后，Enbridge 公司发布了新的完整性管理和控制中心操作方面的规程。Enbridge 公司要求对裂纹进行工程评估，使用公称壁厚值和通过在线检测得到的壁厚事先测量值中较小的一个。该公司还采用了一种独立于疲劳之外的通过检查裂纹应变率来分析应力腐蚀开裂特征的方法。Enbridge 公司也实施了细查计划，从而保证会出现有关细查的显著性统计数字，并且根据工具结果确定置信区间并验证了工具偏压数字的可靠性。

4) Enbridge 公司的控制中心

Enbridge 公司为控制中心新增了 2 名有经验的技术专家，在需要的时候给予操作员技术指导。控制中心的监管人员由原来的客户服务部副总裁变更为现在的运营部高级副总裁，重新委任了管道控制部副总裁和控制中心总监。

所有的操作员、领班及物料平衡系统分析员均接受额外的技术培训，培训内容涉及水力学、控制中心的角色和责任、程序合规性、液柱分离分析以及 10min 操作限制。

Enbridge 公司还称已经在输油管道 6B 号线上安装了额外的流量计，从而增加物料平衡系统内计算的管段数量，并增加其准确性。

二、青岛黄岛 "11·22" 泄漏事故

1. 事故概况

2013 年 11 月 22 日 10：25，位于山东省青岛经济技术开发区的中国石油化工股份有限公司管道储运分公司（以下简称中石化管道分公司）东黄输油管道泄漏原油进入市政排水暗渠，在形成密闭空间的暗渠内油气积聚遇火花发生爆炸，造成 62 人死亡、136 人受伤，直接经济损失 7.52×10^8 元。

事故调查组按照"四不放过"和"科学严谨、依法依规、实事求是、注重实效"的原则，通过现场勘验、调查取证、检测鉴定和专家论证等方式，查明了事故发生的经过、原因、人员伤亡和直接经济损失等情况，认定了事故性质和事故责任，提出了对有关责任人和责任单位的处理建议，并针对事故原因及暴露的突出问题，提出了事故防范措施的建议。

2.事故应急响应措施

1）应急响应

11月22日2：12，潍坊输油处调度中心通过数据采集与监视控制系统发现东黄输油管道黄岛油库出站压力从4.56MPa降至4.52MPa，两次电话确认黄岛油库无操作因素后，判断管道泄漏；2：25，东黄输油管道紧急停泵停输。

2：35，潍坊输油处调度中心通知青岛站关闭洋河阀室截断阀（洋河阀室距黄岛油库24.5km，为下游距泄漏点最近的阀室）；3：20左右，截断阀关闭。

2：50，潍坊输油处调度中心向运销科报告东黄输油管道发生了泄漏；2：57，通知处抢维修中心安排人员赴现场抢修。

3：40左右，青岛站人员到达泄漏事故现场，确认管道泄漏位置距黄岛油库出站口约1.5km，位于秦皇岛路与斋堂岛街交叉口处。组织人员清理路面泄漏原油，并请求潍坊输油处调用抢险救灾物资。

4：00左右，青岛站组织开挖泄漏点、抢修管道，安排人员拉运物资清理海上溢油。

4：47，运销科向潍坊输油处处长报告泄漏事故现场情况。

5：07，运销科向中石化管道分公司调度中心报告原油泄漏事故总体情况。

5：30左右，潍坊输油处副处长赴现场指挥原油泄漏处置和入海原油围控。

6：00左右，潍坊输油处、黄岛油库等现场人员开展海上溢油清理。

7：00左右，潍坊输油处组织泄漏现场抢修，使用挖掘机实施开挖作业；7：40，在管道泄漏处路面挖出2m×2m×1.5m作业坑，管道露出；8：20左右，找到管道泄漏点，并向中石化管道分公司报告。

9：15，中石化管道分公司通知现场人员按照预案成立现场指挥部，做好抢修工作；9：30左右，潍坊输油处无法独立完成管道抢修工作，请求中石化管道分公司抢维修中心支援。

10：25，现场作业时发生爆炸，排水暗渠和海上泄漏原油燃烧，现场人员向中石化管道分公司报告事故现场发生爆炸燃烧。

政府及相关部门处置情况：

11月22日2：31，开发区公安分局110指挥中心接警，称青岛丽东化工有限公司南门附近有泄漏原油，黄岛派出所出警。

3：10，110指挥中心向开发区总值班室报告现场情况。至4：17，开发区应急办、市政局、安全监管局、环保分局、黄岛街道办事处等单位人员分别收到事故报告。4：51、7：46、7：48，开发区管委会副主任、主任、党工委书记分别收到事故报告。

4：10至5：00左右，开发区应急办、安全监管局、环保分局、市政局及开发区安全监管局石化区分局、黄岛街道办事处有关人员先后到达原油泄漏事故现场，开展海上溢油清理。

7：49，开发区应急办副主任将泄漏事故现场及处置情况报告青岛市政府总值班室。

8：18至8：27，青岛市政府总值班室电话调度青岛市环保局、青岛海事局、青岛市安全监管局，要求进一步核实信息。

8：34至8：40，青岛市政府总值班室将泄漏事故基本情况通过短信报告市政府秘书长、副秘书长、应急办副主任。

8：53，青岛市政府副秘书长将泄漏事故基本情况短信转发市经济和信息化委员会副主任，并电话通知其立即赶赴事故现场。

9：01至9：06，青岛市政府副秘书长、市政府总值班室将泄漏事故基本情况分别通过短信报告市长及4位副市长。

9：55，青岛市经济和信息化委员会副主任等到达泄漏事故现场；10：21，向市政府副秘书长报告海面污染情况；10：27，向市政府副秘书长报告事故现场发生爆炸燃烧。

2）爆炸情况

为处理泄漏的管道，现场决定打开暗渠盖板。现场动用挖掘机，采用液压破碎锤进行打孔破碎作业，作业期间发生爆炸。爆炸时间为2013年11月22日10：25。

爆炸造成秦皇岛路桥涵以北至入海口、以南沿斋堂岛街至刘公岛路排水暗渠的预制混凝土盖板大部分被炸开，与刘公岛路排水暗渠西南端相连接的长兴岛街、唐岛路、舟山岛街排水暗渠的现浇混凝土盖板拱起、开裂和局部炸开，全长波及5000余米。爆炸产生的冲击波及飞溅物造成现场抢修人员、过往行人、周边单位和社区的人员，以及青岛丽东化工有限公司厂区内排水暗渠上方临时工棚及附近作业人员，共62人死亡、136人受伤。爆炸还造成周边多处建筑物不同程度损坏，多台车辆及设备损毁，供水、供电、供暖、供气多条管线受损。泄漏原油通过排水暗渠进入附近海域，造成胶州湾局部污染。

3）爆炸后应急处置及善后

爆炸发生后，政府及中国石化主要领导同志立即赶赴现场，成立应急指挥部，组织抢险救援，开展人员搜救、抢险救援、医疗救治及善后处理等工作。当地驻军也投入力量积极参与抢险救援。

现场指挥部组织 2000 余名武警及消防官兵、专业救援人员，调集 100 余台（套）大型设备和生命探测仪及搜救犬，紧急开展人员搜救等工作。截至 12 月 2 日，62 名遇难人员身份全部确认并向社会公布。遇难者善后工作基本结束。136 名受伤人员得到妥善救治。

青岛市对事故区域受灾居民进行妥善安置，调集有关力量，全力修复市政公共设施，恢复供水、供电、供暖、供气，清理陆上和海上油污。当地社会秩序稳定。

3. 事故原因分析

1）直接原因

输油管道与排水暗渠交汇处管道腐蚀减薄、管道破裂导致原油泄漏，流入排水暗渠及反冲到路面。原油泄漏后，现场处置人员采用液压破碎锤在暗渠盖板上打孔破碎，产生撞击火花，引发暗渠内油气爆炸。

通过现场勘验、物证检测、调查询问、查阅资料，并经综合分析认定：由于与排水暗渠交叉段的输油管道所处区域土壤盐碱和地下水氯化物含量高，同时排水暗渠内随着潮汐变化海水倒灌，输油管道长期处于干湿交替的海水及盐雾腐蚀环境，加之管道受到道路承重和振动等因素影响，导致管道加速腐蚀减薄、破裂，造成原油泄漏。泄漏点位于秦皇岛路桥涵东侧墙体外 15cm，处于管道正下部位置。经计算、认定原油泄漏量约 2000t。

泄漏原油部分反冲出路面，大部分从穿越处直接进入排水暗渠。泄漏原油挥发的油气与排水暗渠空间内的空气形成易燃易爆的混合气体，并在相对密闭的排水暗渠内积聚。由于原油泄漏到发生爆炸达 8 个多小时，受海水倒灌影响，泄漏原油及其混合气体在排水暗渠内蔓延、扩散、积聚，最终造成大范围连续爆炸。

2）间接原因

间接原因主要是中石化集团公司及下属企业安全生产主体责任不落实，隐患排查治理不彻底，现场应急处置措施不当。

（1）中国石化和中国石油化工股份有限公司安全生产责任落实不到位，安全生产责任体系不健全，相关部门的管道保护和安全生产职责划分不清、责任不明；对下属企业隐患排查治理和应急预案执行工作督促指导不力，对管道安全运行跟踪分析不到位；安全生产大检查存在死角、盲区，特别是在全国集中开展的安全生产大检查中，隐患排查工作不深入、不细致，未发现事故段管道安全隐患，也未对事故段管道采取任何保护措施。

（2）中石化管道分公司对潍坊输油处、青岛站安全生产工作疏于管理，组织东黄输油管道隐患排查治理不到位，未对事故段管道防腐层大修等问题及时跟进，也未采取其他措施及时消除安全隐患；对一线员工安全和应急教育不够，培训针对性不强；对应急救援处置工作重视不够，未督促指导潍坊输油处、青岛站按照预案要求开展应急处置工作。

（3）潍坊输油处对管道隐患排查整治不彻底，未能及时消除重大安全隐患，2009 年、2011 年、2013 年先后 3 次对东黄输油管道外防腐层及局部管体进行检测，均未能发现事故段管道严重腐蚀等重大隐患，导致隐患得不到及时、彻底整改；从 2011 年起安排实施东黄输油管道外防腐层大修，截至 2013 年 10 月仍未对包括事故泄漏点所在的 15km 管道进行大修；对管道泄漏突发事件的应急预案缺乏演练，应急救援人员对自己的职责和应对措施不熟悉。

（4）青岛站对管道疏于管理，管道保护工作不力，制定的管道抢维修制度、安全操作规程针对性、操作性不强，部分员工缺乏安全操作技能培训；管道巡护制度不健全，巡线人员专业知识不够；没有对开发区在事故段管道先后进行排水明渠和桥涵、明渠加盖板、道路拓宽和翻修等建设工程提出管道保护的要求，没有根据管道所处环境变化提出保护措施。

（5）事故应急救援不力，现场处置措施不当，青岛站、潍坊输油处、中石化管道分公司对泄漏原油数量未按应急预案要求进行研判，对事故风险评估出现严重错误，没有及时下达启动应急预案的指令；未按要求及时全面报告泄漏量、泄漏油品等信息，存在漏报问题；现场处置人员没有对泄漏区域实施有效警戒和围挡；抢修现场未进行可燃气体检测，盲目动用非防爆设备进行作业，严重违规违章。

经调查认定，山东省青岛市"11·22"中石化东黄输油管道泄漏爆炸特别重大事故是一起生产安全责任事故。

4. 事故后的整改措施

发生事故后，经过调查明确了事故原因，国家安全监督部门下达了几条整改要求。

1）坚持科学发展安全发展，牢牢坚守安全生产红线

中国石化和山东省、青岛市人民政府及其有关部门要深刻吸取山东省青岛市"11·22"中石化东黄输油管道泄漏爆炸特别重大事故的沉痛教训，牢固树立科学发展、安全发展理念，牢牢坚守"发展决不能以牺牲人的生命为代价"这条红线。要把安全生产纳入经济社会发展总体规划，建立健全"党政同责、一岗双责、齐抓共管"的安全生产责任体系，坚持管行业必须管安全、管业务必须管安全、管生产经营必须管安全的原则，把安全责任落实到领导、部门和岗位，谁踩红线谁就要承担后果和责任。在发展地方经济、加

快城乡建设、推进企业改革发展的过程中，要始终坚持安全生产的高标准、严要求，各级各类开发区招商引资、上项目不能降低安全环保等标准，不能不按相关审批程序搞特事特办，不能违规"一路绿灯"。政府规划、企业生产与安全发生矛盾时，必须服从安全需要，所有工程设计必须满足安全规定和条件。要坚决纠正单纯以经济增长速度评定政绩的倾向，科学合理设定安全生产指标体系，加大安全生产指标考核权重，实行安全生产和重特大事故"一票否决"。中央企业不管在什么地方，必须接受地方的属地监管；地方政府要严格落实属地管理责任，依法依规，严管严抓。

2）切实落实企业主体责任，深入开展隐患排查治理

中国石化及各油气管道运营企业要认真履行安全生产主体责任，加大人力物力投入，加强油气管道日常巡护，保证设备设施完好，确保安全稳定运行。要建立健全隐患排查治理制度，落实企业主要负责人的隐患排查治理第一责任，实行谁检查、谁签字、谁负责，做到不打折扣、不留死角、不走过场。要按照《国务院安委会关于开展油气输送管线等安全专项排查整治的紧急通知》（安委〔2013〕9号）要求，认真开展在役油气管道，特别是老旧油气管道检测检验与隐患治理，对与居民区、工厂、学校等人员密集区和铁路、公路、隧道、市政地下管网及设施安全距离不足，或穿（跨）越安全防护措施不符合国家法律法规、标准规范要求的，要落实整改措施、责任、资金、时限和预案，限期更新、改造或者停止使用。国务院安委会将于2014年3月组织抽查，对不认真开展自查自纠，存在严重隐患的企业，要依法依规严肃查处问责。

3）加大政府监督管理力度，保障油气管道安全运行

山东省、青岛市各级人民政府及相关部门要严格执行《中华人民共和国石油天然气管道保护法》《城镇燃气管理条例》（国务院令第583号）等法律法规，认真履行油气管道保护的相关职责。各级人民政府要加强本行政区域油气管道保护工作的领导，督促、检查有关部门依法履行油气管道保护职责，组织排查油气管道的重大外部安全隐患。市政管理部门在市政设施建设中，对可能影响油气管道保护的，要与油气管道企业沟通会商，制定并落实油气管道保护的具体措施。油气管道保护工作主管部门要加大监管力度，对打孔盗油、违章施工作业等危害油气管道安全的行为要依法严肃处理；要按照后建服从先建的原则，加大油气管道占压清理力度。安全监管部门要配备专业人员，加强监管力量；要充分发挥安委会办公室的组织协调作用，督促有关部门采取不发通知、不打招呼、不听汇报、不用陪同和接待，直奔基层、直插现场的方式，对油气管道、城市管网开展暗查暗访，深查隐蔽致灾隐患及其整改情况，对不符合安全环保要求的立即进行整治，对工作不到位的地区

要进行通报，对自查自纠等不落实的企业要列入"黑名单"并向社会公开曝光。对瞒报、谎报、迟报生产安全事故的，要按有关规定从严从重查处。

4）科学规划合理调整布局，提升城市安全保障能力

随着经济高速发展及城市快速扩张，开发区危险化学品企业与居民区毗邻、交错，功能布局不合理，对该区域的安全和环境造成一定影响，也不利于城市的长远发展。青岛市人民政府要对该区域的安全、环境状况进行整体评估、评价，通过科学论证，对产业结构和区域功能进行合理规划、调整，对不符合安全生产和环境保护要求的，要立即制定整治方案，尽快组织实施。各级人民政府要加强本行政区域油气管道规划建设工作的领导，油气管道规划建设必须符合油气管道保护要求，并与土地利用整体规划、城乡规划相协调，与城市地下管网、地下轨道交通等各类地下空间和设施相衔接，不符合相关要求的不得开工建设。

5）完善油气管道应急管理，全面提高应急处置水平

中国石化和山东省、青岛市各级人民政府及其有关部门要高度重视油气管道应急管理工作，各级领导干部要带头熟悉、掌握应急预案内容和现场救援指挥的必备知识，提高应急指挥能力；接到事故报告后，基层领导干部必须第一时间赶到事故现场，不得以短信形式代替电话报告事故信息；油气管道企业要根据输送介质的危险特性及管道状况，制定有针对性的专项应急预案和现场处置方案，并定期组织演练，检验预案的实用性、可操作性，不能"一定了之""一发了之"；要加强应急队伍建设，提高人员专业素质，配套完善安全检测及管道泄漏封堵、油品回收等应急装备；对于原油泄漏要提高应急响应级别，在事故处置中要对现场油气浓度进行检测，对危害和风险进行辨识和评估，做到准确研判，杜绝盲目处置，防止油气爆炸；地方各级人民政府要紧密结合实际，制定包括油气管道在内的各类生产安全事故专项应急预案，建立政府与企业沟通协调机制，开展应急预案联合演练，提高应急响应能力；要根据事故现场情况及救援需要及时划定警戒区域，疏散周边人员，维持现场秩序，确保救援工作安全有序。

6）加快安全保障技术研究，健全完善安全标准规范

要组织力量加快开展油气管道普查工作，摸清底数，建立管道信息系统和事故数据库，深入研究油气管道可能发生事故的成因机理，尽快解决油气管道规划、设计、建设、运行面临的安全技术和管理难题；要吸取国外好的经验和做法，开展油气管道安全法规标准、监管体制机制对比研究，完善油气管道安全法规，制定油气管道穿跨越城区安全布局规划设计、检测频次、风险评价、环境应急等标准规范；要开展油气管道长周期运行、泄漏检测报警、泄漏处置和应急技术研究，提高油气管道安全保障能力。

三、大连新港"7·16"事故

1. 事故概况

2010 年 7 月 15 日 15 时 30 分左右，"宇宙宝石"油轮开始向国际储运公司原油罐区卸油，卸油作业在两条输油管道同时进行。20 时左右，祥诚公司和辉盛达公司作业人员开始通过原油罐区内一条输油管道（内径 0.9m）上的排空阀，向输油管道中注入脱硫剂。7 月 16 日 13 时左右，油轮暂停卸油作业，但注入脱硫剂的作业没有停止。18 时左右，在注入了 88m³ 脱硫剂后，现场作业人员加水对脱硫剂管路和泵进行冲洗。18 时 8 分左右，靠近脱硫剂注入部位的输油管道突然发生爆炸，引发火灾，起火管线为直径 900mm 的原油储罐陆地输油管线，引起 700mm 管线起火，管道相继发生 6 次爆炸，造成部分输油管道、附近储罐阀门、输油泵房和电力系统损坏和大量原油泄漏。事故导致储罐阀门无法及时关闭，火灾不断扩大。原油顺地下管沟流淌，形成 $6×10^4m^2$ 的流淌火，火势蔓延。造成 103 号罐和周边泵房及港区主要输油管道严重损坏，部分原油流入附近海域。

2. 事故应急响应措施

事故发生后，辽宁消防总队第一时间到达到现场，根据火势蔓延趋势、重点对象方位、现场罐区布局和现场参战力量等情况，按照"先控制、后消灭""确保重点、兼顾一般"的原则，立即组织大连消防支队及各增援消防支队级指挥员对现场力量调整部署，将整个火场划分 4 个区域并设置分指挥部，同时为每个战斗区域指定 1 名消防总队负责人和 1 名灭火技术高级工程师作为指挥员。4 个战斗区域按照"全力控火、冷却抑爆、确保重点、关阀断源、筑堤围堰、全力攻坚"的总的作战原则和措施，利用车载水炮和移动水炮重点对第 1 作战区域的 103 号、106 号、102 号原油罐，第 2 战斗区域的 37 号、42 号原油罐，第 3 战斗区域的 43 号、48 号原油罐进行冷却。采取筑堤围堰、泡沫覆盖、沙土填埋等措施堵截消灭流淌火，全力保护位于火场北侧的液体化工仓储区；并采取关阀断料、水流切封的方法压制输油管线大火，同时利用泡沫管枪消灭罐区阀组和地下沟渠内的火势。17 日 8：20，整个现场火势得到有效控制，在灭火剂准备保障充足的情况下，现场总指挥发出总攻命令。4 个战斗区域主要利用车载泡沫炮、移动泡沫炮和泡沫管枪全力扑灭罐体、阀组、沟渠的大火，采取水流切封的方法彻底扑灭管线火势，利用消防艇及托消两用船，扑灭蔓延到海面的原油火势。经过一个多小时的奋战，17 日 9：55，大火被成功扑灭。总攻结束后，4 个战斗区域采取地毯式排查，扑灭

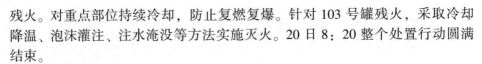

残火。对重点部位持续冷却，防止复燃复爆。针对 103 号罐残火，采取冷却降温、泡沫灌注、注水淹没等方法实施灭火。20 日 8：20 整个处置行动圆满结束。

3. 事故原因分析

经初步分析，此次事故原因是：在新加坡太平洋石油公司所属 $3 \times 10^5 t$ "宇宙宝石"油轮已暂停卸油作业的情况下，辉盛达公司和祥诚公司继续向输油管道中注入含有强氧化剂的原油脱硫剂，造成输油管道内发生化学爆炸。

1）直接原因

7 月 16 日 13 时至爆炸发生前，船上停止向岸上油罐卸油并关闭船岸间阀，事故发生前，与 $\phi 900mm$ 输油管 2 号线相联通的 T304 号油罐，其油位达到 18.5m，于是从船岸阀至 T304 号油罐间的 2 号油管就形成了一个相对静止的密闭空间，在 13 时至爆炸发生前 5h 内，加剂泵连续向 2 号油管内加入了约 20t 以上的"HD 剂"。加注"HD 剂"的原油卸船管道编号为 2 号管道，$\phi 914mm \times 10.3m$，管道材质为 L245，伴热管为 DN25×2，保温材料为岩棉板，保温层厚度 60mm。

"HD 剂"的组成主要为过氧化氢 85%，异丙醇 10%，乙醇 4.9%，对苯二酚 0.1%，其中过氧化氢含过氧化氢（H_2O_2）的浓度为 50.73%。"HD 剂"相对密度为 1.13，原油的相对密度在 0.9 以下，这 20 多吨的"HD 剂"主要富集在 2 号输油管的低凹处，即富集在加剂口附近约 50m 管段内，其中 U 形管以东管段较少，以西管段较多，而以消防桥下的 U 形管内聚集最多，H_2O_2 的浓度也最高。

H_2O_2 的稳定性较差，在热、光、机械杂质等因素影响下，很容易发生分解反应。H_2O_2 可分解成 H_2O 和 O_2，分解受温度影响较大，在 20～100℃ 之间，温度每升高 10℃，分解速度约增长 2.3 倍。反应过程产生的热量为 301J/g（H_2O_2），产生的压力可高达 1.7MPa/g（H_2O_2），一旦发生失控放热分解反应，就会形成较大的破坏作用。

事故发生当天，当地气温 28℃，因输油管外有 60mm 厚的隔热层，所以 2 号输油管内可近似认为是绝热空间，而当时原油温度为 40℃，在绝热条件下，H_2O_2 初始放热温度为 34.5℃，由于 2 号管内有诸多杂质，使油管内的 H_2O_2 发生分解反应，在卸油操作时，其反应热随着输送的原油进入油罐，不会造成局部管段过热，而当停止卸油后，管段原油静止，"HD 剂"的 H_2O_2 分解产生的热量开始积蓄，造成管内混合物温度不断上升，这样又加速了分解，放出的 O_2 和 H_2O 随之增多，管内压力增大，这样进一步升温升压，不断加剧反应，管道压力急剧增大，最终造成管道破裂。

根据现场调查，自 7 月 16 日 16：00 至 18：00 前，加入的 HD 剂为 8t，加剂泵的扬程为 $4m^3/h$，爆炸前 5~6min，现场正在进行清洗作业，截至爆炸时，共向输油管内加入清洗自来水 $0.1m^3$，按加剂泵的扬程计算，5min 应加入的自来水量为 $0.33m^3$，而实际上只加入了 $0.1m^3$，应加入而未加入的水为 $0.23m^3$，加这些水所需时间为 3.45min。据此推断，在爆炸前 3.45min 内，2 号油管内压力突生，加剂泵向油管内已经打不进水，但是现场操作者没有发现，爆炸发生前，有人听见管道发出"卡啦卡啦"的声音，这时管道承受不了内压即将爆裂前发出的响声，随即管道就发生了第一次有烟无火的爆炸，其爆破口在消防桥下 U 形管东侧立管距离地面 1.4m 处，即原油、H_2O_2、水蒸气、O_2 等混合物的上部。时隔不久就发生了第二次爆炸，其部位发生在与 U 形管相连的西部约 28m 长的水平管段和 U 形管的底部及西侧的立管段，爆炸原因是第一次爆炸后产生的剧烈震动和热量，使上述近 40m 的管段内积存的 H_2O_2 迅速分解，产生了巨大的压力，导致管道破裂爆炸，水平管段被炸成许多碎片，有的飞出数十米远；U 形管的底部由于地面的限制作用，加上第一爆炸管线已经裂开，使得此处爆炸力大大减弱，所以 U 形管的底部管道只有其上半部爆裂开，下半部管由于地面的阻碍，没有爆裂开而陷入地下。

U 形管东侧的水平管，由于油气外泄，空气进入，被爆炸的高温引燃，发生了闪爆，其水平管爆炸后形成了"之"字形的不规则弯管。

管道爆炸后，大量原油外泄，在火场的高温环境中，原油中的轻组分逸出并与空气混合达到了爆炸极限，在高温作用下发生爆炸。爆炸后，空气又与油气混合，达到爆炸极限，如此重复发生了一系列的爆炸，火焰高达 50m 左右，火场地面及低空温度极高，消防水喷上后立即汽化，在火焰上空冷凝后又降落到地面，在火场周围几平方千米范围内下了一场"黑雨"，夹带的是没有完全燃烧的碳颗粒。

2）间接原因

（1）由于罐区内储存的大多是进口的高含硫油，因此原油管道长期处在腐蚀性很强的介质中，在卸油后，原油管道内又没有及时采取处理措施，导致管壁逐渐减薄，使管道承压能力下降，最终在薄弱处破裂。

（2）"HD 剂"没有经过小试、中试、工业化验、产品鉴定和产品安全性评价等过程，违反了《安全生产法》关于新产品、新技术"应掌握其安全技术特性"的规定。

（3）添加"HD 剂"没有进行风险辨识与评价，没有编制具有可操作性的作业指导文件，没有制定在油船停止卸油时，"HD 剂"添加工作如何操作。向输油管道内直接添加"HD 剂"，违反了《石油库设计规范》（GB 50074—2002）的相关规定。

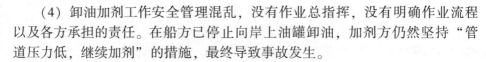
（4）卸油加剂工作安全管理混乱，没有作业总指挥，没有明确作业流程以及各方承担的责任。在船方已停止向岸上油罐卸油，加剂方仍然坚持"管道压力低，继续加剂"的措施，最终导致事故发生。

4. 事故后的整改措施

（1）严格港口接卸油过程的安全管理，确保接卸油过程安全。一要切实加强港口接卸油作业的安全管理。要制定接卸油作业各方协调调度制度，明确接卸油作业信息传递的流程和责任，严格制定接卸油安全操作规程，进一步明确和落实安全生产责任，确保接卸油过程有序可控安全。二要加强对接卸油过程中采用新工艺、新技术、新材料、新设备的安全论证和安全管理。各有关企业、单位要立即对接卸油过程加入添加剂作业进行一次全面排查。凡加入有氧化剂成分添加剂的要立即停止作业。接卸油过程中一般不应同时进行其他作业，确实需要在接卸油过程中加入添加剂或进行其他作业的，要对加入添加剂及其加入方法等有关作业进行认真科学的安全论证，全面辨识可能出现的安全风险，采取有针对性的防范措施，与罐区保持有足够的安全距离，确保安全。加剂装置必须由取得相应资质的单位设计、制造、施工。三要加强对承包商和特殊作业安全管理，坚决杜绝"三违"（违章指挥、违章操作和违反劳动纪律）现象。接卸油过程环节多、涉及单位多，稍有不慎就会导致安全事故。有关单位要增强安全意识，完善安全管理制度，强化作业现场的安全管理，尤其要加强对承包商的管理，严禁以包代管、包而不管。要采取有效措施杜绝"三违"现象，加强对特殊作业人员的安全生产教育和培训，使其掌握相关的安全规章制度和安全操作规程，具备必要的安全生产知识和安全操作技能，确保安全生产。建立健全"三违"责任追究制度，依法查处渎职责任。

（2）持续开展隐患排查治理工作，进一步加强危险化学品各环节的安全管理。各地、各有关部门和生产经营单位要认真贯彻落实国务院第118次常务会议精神，全面加强企业安全生产工作，尤其要加强危险化学品生产、经营、运输、使用等各个环节安全管理与监督，进一步建立健全危险化学品从业单位事故隐患排查治理制度，持续深入地开展隐患排查治理工作，严格做到治理责任、措施、资金、期限和应急预案"五落实"。对重大隐患要实行挂牌督办，跟踪落实。当前，正值高温雷雨季节，容易发生危险化学品事故。各地要加强危险化学品安全生产监管工作，督促有关企业进一步加强对危险化学品生产、储存设施的安全监控，特别是加强危险化学品重大危险源的安全管理，切实落实责任，强化措施，保证安全生产。

（3）深刻吸取事故教训，合理规划危险化学品生产储存布局。各地、各有关部门和单位要深刻吸取此次事故教训，认真做好大型危险化学品储存基地和化工园区（集中区）的安全发展规划，合理规划危险化学品生产储存布局，严格审查涉及易燃易爆、剧毒等危险化学品生产储存建设项目。同时，要组织开展已建成基地和园区（集中区）的区域安全论证和风险评估工作，预防和控制潜在的生产安全事故，确保危险化学品生产和储存安全。

（4）切实做好应急管理各项工作，提高重特大事故的应对与处置能力。各地、各有关部门要加强对危险化学品生产厂区和储罐区消防设施的检查，督促各有关企业进一步改进管道、储罐等设施的阀门系统，确保事故发生后能够有效关闭；督促企业进一步加强应急管理，加强专兼职救援队伍建设，组织开展专项训练，健全完善应急预案，定期开展应急演练；加强政府、部门与企业间的应急协调联动机制建设，确保预案衔接、队伍联动、资源共享；加大投入，加强应急装备建设，提高应对重特大、复杂事故的能力。各类危险化学品从业单位要认真研究分析本单位重大危险源情况，建立健全重大危险源档案，加强监控和管理，建立科学有效的监控系统，确保一旦发生险情，能够迅速响应、快速处置。与此同时，要加强应急值守，完善应急物资储备，扎扎实实做好应急管理各项基础工作，切实提高应急管理水平。

第六章 油气储运温室气体排放管控与自愿减排项目开发

第一节 油气储运企业温室气体排放管控

一、油气储运企业温室气体排放管控背景

1. 国家温室气体排放管控

随着全球气候变暖、极端气候显现，温室效应不断加剧，有效管控温室气体排放成为世界各国的共识。1992 年签订的《联合国气候变化框架公约》是世界上第一个全面控制温室气体排放、应对全球气候变暖的国际公约。我国作为全球最大的发展中国家，一直在主动承担世界环境保护责任，国家经济也正由粗放发展向低碳可持续发展转型，对各行业的能源消耗和碳排放管控力度持续加大。我国温室气体排放管控大致可分为三个阶段。

第一阶段（2009 年以前）为节能降耗阶段。我国温室气体排放管控一直以节能降耗为主，颁布了诸如《中华人民共和国节约能源法》《重点用能单位节能管理办法》等一系列法律法规和政策文件，对重点用能企业实施年度考核。该阶段我国在工业节能降耗方面成效显著。

第二阶段（2009—2015 年）为全国碳交易市场孕育阶段。该阶段我国明确提出了温室气体排放管控目标：到 2020 年单位国内生产总值二氧化碳排放比 2005 年下降 40%~45%；到 2030 年二氧化碳排放达到峰值并争取尽早达峰，单位国内生产总值二氧化碳排放比 2005 年下降 60%~65%。为有序实现减排目标，我国颁布了《"十二五"控制温室气体排放工作方案》，用于指导"十二五"期间温室气体控排工作，该方案明确提出开展低碳发展试验试点、建立温室气体排放统计核算体系、建立碳交易市场等三个重要举措。该阶段我国陆续建立了北京、天津、上海、广东、深圳、重庆、湖北七个碳交易试

点地区，建立并不断完善碳交易市场政策及相关标准，颁布了包括电力、油气在内的 24 个行业温室气体排放核算方法与报告指南，相继组建了各地方碳排放交易所，为全国碳交易市场的建设和运行奠定了基础。纳入碳交易试点的企业主要包括电力、钢铁、油气、化工等高耗能工业排放企业，其中广东大鹏液化天然气有限公司、大港油田、大港石化等单位已被纳入地方碳交易试点企业，北京天然气管道公司、昆仑燃气等也作为重点报告单位每年向北京市发改委提交排放报告。

第三阶段（2016 年至今）为全国碳市场建设运行阶段，全国碳排放管控体系日趋成熟，碳交易市场体系建设逐渐完善，明确了全国碳排放数据上报及核查等各项准备工作。国家"十三五"规划也明确提出，实行重点单位碳排放报告、核查、核证和配额管理制度，健全统计核算、评价考核和责任追究制度。2017 年 12 月 19 日，国家正式启动了全国碳交易市场，采取试点地区碳市场与全国碳市场并行的制度，已纳入试点地区碳排放管控的企业仍然归地方管控，发电行业是首批纳入全国碳市场的行业，全国碳市场运行稳定后，排放管控企业将进一步扩容，将按照成熟一个行业、纳入一个行业的原则纳入，逐步扩大全国碳市场覆盖范围。2019 年 3 月 29 日，国家生态环境部印发了《碳排放权交易管理暂行条例》（征求意见稿），从法律层面进一步推动绿色低碳发展。随着油气储运基础设施建设的飞速发展，其运营过程中燃烧、放空以及逃逸损耗等造成的碳排放也将快速增长，从纳入碳市场门槛和油气储运企业自身排放量来看，部分省市根据排放情况将管辖范围内符合条件的油气储运企业先行纳入管控；随着全国碳市场运行不断完善和成熟，符合条件的油气储运企业将全部被纳入国家碳排放管控。目前，按照国家机构变革调整，国家碳排放管控主管部门由原来的国家发改委气候司调整到生态环境部气候司，对口管理机构为各级环保部门。

2. 集团公司温室气体排放管控

集团公司作为我国最大的综合型能源企业，一直积极响应国家低碳发展的号召，始终把低碳转型作为重要的战略发展方向。集团公司已明确提出"十三五"要全面建立温室气体排放管控体系。

集团公司温室气体排放管控与国家温室气体排放管控的发展阶段和节点类似，也可大致分为三个阶段。

第一阶段（2008 年以前）为节能降耗阶段。该阶段温室气体排放管控以节能降耗为主，开展了大量卓有成效的工作，在国家一系列节能降耗工作考核中，始终名列前茅，为我国工业企业节能降耗工作起到了很好的模范带头作用。

第二阶段（2008—2015年）为温室气体排放管控规划阶段。该阶段仍然以节能降耗工作为主，但同时也在开展温室气体排放管控的前期规划布局工作。2008年控股成立天津排放权交易所，为将来碳交易做准备；建立初步的温室气体排放上报系统及排放清单编制制度；制定集团公司低碳管理和技术发展路线图，为将来碳资产的管理以及温室气体排放管控奠定基础。

第三阶段（2016年至今）为温室气体排放管控建设阶段。为积极应对国家温室气体管控政策，2016年集团公司安全环保节能工作会议明确"十三五"期间全面建立温室气体管控体系，并印发了《中国石油天然气集团公司温室气体排放核算与报告工作方案》《关于贯彻〈"十三五"控制温室气体排放工作方案〉的意见》等一系列文件，明确碳排放指标将纳入地区公司年度业绩考核，要求各地区公司逐年上报温室气体排放数据并开展核查。集团公司根据最新的核算方法搭建的新版温室气体排放核算与报告平台已正式上线运行，目前已经完成各地区公司2013年以来温室气体的填报工作，为将来温室气体的管控奠定了基础。2018年，集团公司首批完成了包括管道分公司在内的12家地区公司的碳排放核查，为后续碳披露奠定基础。

2016年集团公司质量安全环保部工作会议要求：纳入国家碳排放权交易体系的企业，要做好温室气体排放核算报告、排放管控、配额申报等工作，严格按照时间节点完成国家要求的各项工作。

2017年集团公司质量安全环保部工作会议要求：各地区公司狠抓温室气体管控。各企业要加强碳排放管控能力建设，建立适应国家要求的配额清缴、碳资产管理、排放权交易工作制度，公布和报告温室气体排放信息、控排行动措施；建立和完善温室气体排放计量监测系统，纳入全国第一批碳排放交易体系的企业完成初始排放权申请与核定，国内其他企事业单位、海外企事业单位完成温室气体排放核算。专业分公司指导企业开展温室气体排放核算与排放清单编制，分专业摸清排放底数，制定减排工作方案，实施低碳减排项目，开展自愿减排核证和排放履约。

随着全国碳市场建设以及低碳发展的不断深入，集团公司温室气体管控工作已经全面铺开，各项制度及体系建设正在逐步建设和完善。未来全国碳市场将进一步扩容，集团公司下属各企业随时有可能被纳入其中，各地区公司应及早重视温室气体管控工作，切实建立行之有效的管控体系，为将来参与全国碳市场做好准备。

3. 油气储运企业温室气体排放管控体系

为主动应对国家和集团公司碳排放考核、把握低碳政策和碳交易市场发展机遇，管道分公司管道科技研究中心于2012年率先在行业内开展了油气储运碳管理的探索研究，构建了油气储运企业低碳管理体系，主要包括碳排放核算与上报、核查应对与数据分析、减排潜力和成本分析、低碳解决方案、碳排放权交易等 5 个环节（图 6-1），通过量化油气储运企业碳排放现状和发展趋势，对油气储运过程高碳排放环节和影响因素进行识别和评价，明确减排潜力和路径，在保证设施安全平稳运行的条件下，制定优化的企业节能低碳解决方案，以最低成本实现企业能耗和碳排放达标，同时积极开发碳交易项目，实现企业碳交易利益最大化，并研制行业低碳标准与政策。油气储运碳管理体系实现了油气储运低碳管理从无到有的突破，通过低碳管理的实施，使企业在有效应对国家和中国石油碳排放管控的同时，持续引领行业低碳政策和标准制定，争取碳排放指标利益，并通过碳交易市场实现开源增效。

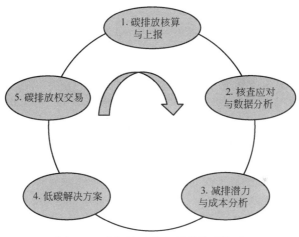

图 6-1 油气储运企业低碳管理体系

1）碳排放核算与上报

碳排放核算是企业低碳管理的基础核心步骤。基于油气储运工艺及碳排放核算理论，建立了油气储运碳排放核算模型，主要包括化石燃料燃烧排放、火炬燃烧排放、工艺放空排放、甲烷回收、逃逸排放、间接排放等 6 个方面（图 6-2）。化石燃料燃烧排放是由加热炉、锅炉、压缩机、发电机、车辆等设备消耗油气导致的排放；火炬燃烧排放是指输气管线通过火炬燃烧引起的排放；工艺放空排放主要源于压气（增压）站、分输（计量）站、逆止阀、清管站等的放空活动；甲烷回收是指将放空气进行回收，该部分排放需在总排放核算中扣除；逃逸排放主要指从设备密封处、末端开口管线、阀门、法兰、排气口、连接器、计量仪表等处的微泄漏；间接排放主要是指企业净购入的电力和热力所对应的上游生产该部分电力和热力产生的排放。化石燃料燃烧排放、火炬燃烧排放、间接排放主要是二氧化碳的排放，而工艺放空排放、逃逸排放则主要是甲烷的排放。

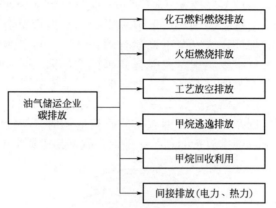

图 6-2　油气储运企业碳排放结构图

　　中国石油管道科技研究中心 2013 年编制了国内首个《油气储运行业温室气体排放核算与报告方法》，针对上述各种类型的排放，企业可结合自身生产实际和需求，选择仪器直接测量法、工程经验计算公式法、排放因子法等相应的核算方法或模型，利用碳排放量化公式计算温室气体排放量。通过该方法研究，2014 年中国石油管道科技研究中心作为专家支持单位参编了国家首部油气行业低碳政策《中国石油天然气生产企业温室气体排放核算方法与报告指南（试行）》（发改办气候〔2014〕2920 号）的制定与发布，并以此为基础转化为国家标准。目前，油气储运企业均按照该指南进行企业温室气体排放核算分析并上报。

　　2）核查应对与数据分析

　　温室气体排放核查是按照国家相关文件标准要求，经国家或地方发改委备案的第三方核查机构对企业核算上报的碳排放数据进行核查，以确保数据真实有效，依据的主要文件准则包括《中国石油和天然气生产企业温室气体排放核算方法与报告指南》（发改办气候〔2014〕2920 号）、《全国碳排放权交易第三方核查参考指南》（发改办气候〔2016〕57 号）以及上述两个指南中涉及的相关标准，核查通过的排放数据是排放配额分配的主要依据。核查的具体内容主要包括 3 个方面：（1）核算边界的准确性；（2）核算方法的准确性；（3）活动水平数据的准确性。油气储运企业碳排放数据分析是企业制定低碳解决方案的基础。通过深入的数据挖据分析，明确企业当前排放水平，厘清主要排放因素，为企业碳排放管理提供决策依据。一般碳排放数据分析主要包括（1）企业历年碳排放量、各排放因素的变化趋势及原因分析，明确企业的节能减碳方向；（2）企业高碳排放源识别，即企业高碳排放环节与因素的确定及其原因分析；（3）对比分析国内外相关企业碳排放水平，并探究存在差异的原因。

目前，管道分公司、西南管道分公司、西气东输管道分公司等部分油气储运企业已主动持续开展不同核算边界的温室气体排放核算及预测分析、核查应对及分析研究，从数据管理角度提出排放数据管理上报以及应对核查的优化建议。

3）减排潜力与成本分析

企业减排潜力与成本分析是企业低碳管理体系的重要组成部分，主要指企业在碳排放数据核算分析的基础上，结合企业未来业务发展规划，挖掘分析各排放源减排潜力，综合分析实施各种节能减排技措及组合情景下企业的减排潜力与相应投入的减排成本，能够帮助决策者透彻全面地了解企业减排路径，合理地规划企业减排目标，使企业能够以最低成本完成减排考核指标。

4）低碳解决方案

在减排潜力分析的基础上，结合国内外油气储运行业节能减排技术及企业实际生产状况，编制企业节能减排技措项目清单，建立清单中各项目在企业实施后的减排效果、实施成本以及企业关注的其他参数指标并计算指标值。基于多目标规划理论，以计算得到的系列参数指标值为目标函数，以企业的节能减排指标为约束条件，建立多目标规划优选模型，筛选出节能减排项目的优选组合，形成最优的低碳解决方案。

低碳解决方案制定的难点在于节能减排技措项目参数指标的选取以及多目标规划优选模型的搭建。以某油气储运企业为例，该企业选取了项目投资费用、静态回收期、净现值、减碳量等指标为目标函数，上级下达的节能指标、减碳指标为约束条件，搭建了基于多目标规划的企业节能减排项目筛选模型，选出上述综合指标最优的节能减碳项目组合进行规划部署，形成企业低碳解决方案，实现企业节能低碳项目投资效益最大化，为企业每年节能项目的部署实施提供决策支持。

5）碳交易

碳交易是指，政府分配给企业的碳排放配额或经政府备案的项目减排量以资产形式在碳排放权交易所或线下协商进行的买卖交易。碳排放交易市场由项目碳减排量交易和企业碳排放配额交易构成（图6-3）：（1）项目碳减排量交易（非控排企业与控排企业之间）。对于暂未纳入碳交易管控体系的企业，企业可将符合条件的节能减排项目产生的减碳量经开发备案成核证自愿减排量后卖给超额排放的控排企业；（2）碳排放配额交易（控排企业之间）。对于纳入碳交易管控体系的企业，政府确定碳排放总量目标并对排放配额进行初始分配后，企业之间以排放配额为标的进行的交易，一个履约周期后，实际排放量大于核发配额量，则需到市场上购买配额或核证自愿减排量完成履约，实际排放量小于核发配额量，则企业可将多余的配额进行出售获利。目前，已有部分油气储运企业纳入了碳交易管控体系，但对于尚未纳入碳排放交易管控体系的油气储运企业，可积极把握该机遇，将公司已经实施或即将实施的节能减排技措项目开发成核证自愿减排量上市获利，实现节能减排技措的再升值。

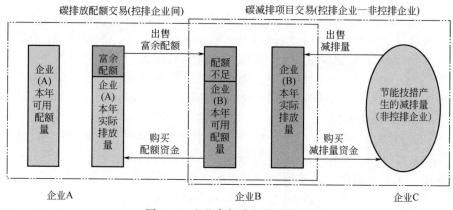

图6-3　企业参与碳交易示意图

目前，国内大部分油气储运企业温室气体排放管控工作仅开展到碳排放核算上报、预测、核查应对、数据初步分析、碳排放管控方案制定及培训阶段，距离实质性的管控仍有较大差距。油气储运企业温室气体排放管控体系的建设仍有大量工作需要开展，诸如制度保障、平台建设、人员素质及配备等。

二、温室气体排放核算上报及核查应对

1. 温室气体排放核算上报

为进一步规范温室气体排放数据管理，加强排放管控，集团公司根据《中国石油天然气生产企业温室气体排放核算方法与报告指南（试行）》（发改办气候〔2014〕2920，下称《指南》）搭建了新的温室气体排放核算与报告管理平台，要求集团公司下属各局级单位2016年填报2013—2015年温室气体排放数据，自2017年起作为常态化工作，逐年填报上一年度排放数据。

按照核算方法要求，企业温室气体排放设施边界应包括基本生产系统、辅助生产系统、直接为生产服务的附属生产系统。

直接生产系统是指为油气储运系统运行直接提供动力的设备设施，如输油泵、压缩机、加热炉以及管线上的电动阀门等。

辅助生产系统是指厂区或站场内辅助直接生产系统进行生产的设备设施，如供水、照明、采暖、制冷、维修、运输等。

附属生产系统主要包括生产指挥管理系统（机关）以及为生产服务的其他设施（如食堂、浴室等）。

通常温室气体主要是指二氧化碳（CO_2）、甲烷（CH_4）、氧化亚氮（N_2O）、氢氟碳化物（HFCs）、全氟化合物（PFCs）、六氟化硫（SF_6）6 种。根据核算方法要求，油气储运企业温室气体排放核算仅考虑二氧化碳（CO_2）和甲烷（CH_4）两种气体。

1）集团公司温室气体排放数据核算上报

目前，集团公司温室气体排放数据核算上报工作主体为各地区公司（局级）单位，主管该项业务的部门为集团公司质量安全环保部，相应的各专业公司、地区公司的负责部门为质量安全环保处，各分公司或管理处的负责部门为安全科。

数据上报时，地区公司质量安全环保处负责协调各部门收集汇总活动水平数据。收集的数据与排放类型一一对应，具体如下。

化石燃料燃烧数据：原油、柴油、汽油、液化气、天然气等化石燃料的年度消耗量，燃料含碳量或低位发热量的监测报告（若有）。

火炬燃烧数据：火炬燃烧量统计材料，火炬气气质组分，火炬系统的碳氧化率（若有）。

工艺放空数据：公司范围内压气站、分输计量气站、独立清管气站、输气管线逆止阀的数量，详细和齐全的工艺放空统计表（若有），每次放空或同气源的气质组分报告（若有）。

甲烷逃逸数据：公司范围内压气站、分输计量气站、独立清管气站、输气管线逆止阀的数量，原油年度输送量。

甲烷回收利用数据：甲烷回收利用量统计表，回收气体气质分析报告。

间接排放数据：净外购电力明细，净外购热力明细及热水分度或蒸汽温度压力。

上述数据统计完善后填报到温室气体排放数据核算与报告管理平台，其中对重点燃烧设备（年化石燃料消耗 1×10^4 t 标煤及以上）需单独统计填报。

集团公司温室气体排放核算与报告管理平台仅能够对各类型活动水平数据进行统计核算，功能相对简单，根据核算得出的数据也仅能得出大致的排放结构，其他排放信息无法进一步挖掘。

2）当前数据上报的问题及建议

目前各油气储运公司尚未实现对温室气体排放数据的规范化管理，年度温室气体排放数据仍需从多部门分别获取汇总。生产能耗统计数据是温室气体排放数据最主要的组成部分，但部分企业经常将生产能耗统计数据当作温室气体排放数据直接上报，忽略了辅助生产系统和附属生产系统的排放，导致上报的排放量偏低，不能真实体现企业的实际排放。

辅助生产系统和附属生产系统的排放主要体现在化石燃料燃烧和间接排放两种类型，其中单位食堂的排放、外购热力的排放、维抢修单位的排放、机关办公及车队的排放等经常被忽略。

针对上述现象，建议安全环保部门认真全面梳理企业温室气体排放设施边界，牵头相关部门，结合企业实际情况制定温室气体排放数据管理体系，确保排放数据完整、准确。

2. 温室气体排放核查

企业上报的碳排放数据需经过国家或地方发改委备案的第三方核查机构进行核查，以确保数据真实有效。第三方核查机构由各省级发改委公开遴选，符合条件的企业或机构可自由申报，各省级发改委负责评选确定，评选出的核查机构负责本省或地区纳入排放管控企业的碳排放数据核查。核查通过的排放数据是排放配额分配的主要依据。

1）核查依据

油气储运企业温室气体排放核查按照国家发改委规定的相关要求进行。依据的主要文件准则包括《中国石油天然气生产企业温室气体排放核算方法与报告指南（试行）》（发改办气候〔2014〕2920号）、《全国碳排放权交易第三方核查参考指南》（发改办气候〔2016〕57号）以及上述两个指南中涉及的相关标准。

2）核查内容

温室气体排放核查本质是检验企业上报的排放数据是否准确。核查的具体内容主要包括3个方面：（1）核算边界的准确性；（2）核算方法的准确性；（3）活动水平数据的准确性。

核算边界的核查主要是通过企业提交的简介、组织机构图、工艺流程图等基本信息以及相关设备台账等确定企业上报的排放源是否齐全。

核算方法的核查主要是对温室气体排放报告中核算公式的运用是否正确，排放因子的选取是否合理进行审核。

活动水平数据的核查主要是指排放报告核算所需的基础数据统计是否准确、真实。

3）核查原则

温室气体排放核查主要运用"交叉验证"的原则，即针对每一个活动水平数据收集至少两个数据来源，进行互相比对。对油气储运企业，化石燃料燃烧排放、间接排放主要用财务报销凭证与企业能源消耗统计报表进行比对，火炬燃烧排放、工艺放空排放主要利用能源统计报表与放空审批单进行比对。

4）温室气体排放核查流程

目前，国家已经颁布了明确的温室气体排放核查指导文件《全国碳排放权交易第三方核查参考指南》（发改办气候〔2016〕57号），对核查工作的原则、程序及相关要求进行了详细的说明，该指南专门用于指导核查机构对纳入全国碳市场单位的温室气体排放报告及补充数据实施核查工作。

温室气体排放核查流程一共包括3个阶段9个步骤（图6-4）。对于受核查企业而言，实施阶段是核查最主要的阶段。

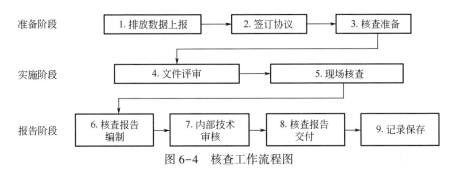

图6-4　核查工作流程图

本书结合《全国碳排放权交易第三方核查参考指南》与油气储运企业核查实际情况，对核查工作具体流程进行了针对性的阐述。

（1）排放数据上报。

纳入国家管控的独立核算单位需向当地省级发改委上报温室气体排放数据，具体数据上报的模式和流程根据各省发改委下发的通知执行。集团公司对数据上报也有相应的规定，其要求所有地区公司逐年上报温室气体排放数据，对已纳入国家管控的企业，同时向当地发改委上报。集团公司新的温室气体排放数据上报系统已经上线，并要求自2016年开始，各地区公司必须每年上报排放数据。

（2）签订协议。

核查机构与核查委托方签订核查协议。核查委托方主要包括地方发改委和受核查企业两种，对于纳入全国统一碳市场的企业，核查均为政府出资，因此核查委托方为当地主管该业务的发改委；对于未被纳入全国或试点地区管控、但开展自查的企业，核查委托方为企业本身。

核查协议内容可包括核查范围、应用标准和方法、核查流程、预计完成时间、双方责任和义务、保密条款、核查费用、协议的解除、赔偿、仲裁等相关内容。

（3）核查准备。

核查准备是指核查机构根据受核查企业的基本情况成立核查组，并与受核查企业充分沟通制定核查计划，要求受核查企业在商定日期内提供温室气体排放报告及相关支持性文件。

（4）文件评审。

文件评审贯穿整个核查工作，本环节的文件评审是核查前对相关文件进行的评审，主要评审材料包括温室气体排放报告以及相关支持性材料（排放设施清单、排放源清单、活动水平数据、排放因子信息等）。通过评审，核查组初步掌握企业排放情况，确定现场核查思路及重点。

（5）现场核查。

现场核查是指通过观察受核查企业排放设施，查阅排放设施运行和监测记录，查阅活动数据产生、记录、汇总、传递和报告的信息流过程，评审排放因子来源以及与现场相关人员进行会谈，判断和确认排放单位报告期内的实际排放量。

现场核查主要包括首次会议、文件评审、现场勘查、末次会议4个部分。

首次会议主要是核查组到达受核查单位后对本次核查工作进行总体介绍召开的会议；文件评审是指对设备设施运行记录、相关排放数据汇总表以及财务报销凭证等验证活动水平数据真实性、准确性的文件的评审；现场勘查主要是通过现场观察设施、查阅相关运行和监测记录，评审活动水平数据的真实性；末次会议是核查组在完成现场核查工作后，对核查结果进行初步总结，并向企业通报召开的会议。

（6）核查报告编制是指根据现场核查结果，针对核查中发现的问题与企业积极沟通，完成问题的修改或提出建议，最终编制完成核查报告的撰写。核查报告编制过程中受核查企业应进一步配合核查组完成相关问题修改和提出解决建议。

核查报告的编制具有固定的制式，主要包括：核查目的、范围及准则，核查过程和方法，核查发现，核查结论。

（7）核查报告内部技术评审是指核查单位内部指定专门的评审人员对核查报告进行评审，并提出相关评审意见，核查组对报告进行修改，完成最终的核查报告撰写。

（8）核查报告交付是指内部评审通过后，核查机构将核查报告交付给核查委托方或受核查企业，以便受核查企业在规定日期前将核查的年度排放报告和核查报告报送至注册所在地省级碳交易主管部门（发改委）。

（9）记录保存是指核查机构应保存核查记录以证实核查过程符合指南要求。需保存的材料包括核查过程中的所有文字、音频、图片、视频等材料。

5）温室气体排放核查应对建议

通过对集团公司范围内部分油气储运企业温室气体排放数据的核算与核查，发现目前企业存在核算边界不完整、统计数据与报销凭证不符、财务资料无法满足核查要求、输气管线工艺放空统计不完善等现象。本章节对上述现象分别进行详细说明，并从企业数据管理的角度提出了优化建议，供各企业在应对核查工作中参考。

（1）核算边界不完整。

核算边界不完整的现象是目前各企业的普遍现象，主要体现在化石燃料燃烧和间接排放两个类型中。与生产直接相关的原油、汽油、柴油消耗以及办公、生产用电统计比较完整，与生产间接相关的食堂用能排放、外购电力和热力排放等数据统计缺失严重。除此之外，维抢修队的排放数据统计也存在缺失现象，各企业缺失程度参差不齐。

根据排放核算方法与报告指南的活动水平数据要求，企业完整的核算边界应包括以下几个方面。

① 化石燃料燃烧排放。

企业机关：车用汽油、车用柴油、自营食堂用液化气（天然气）。

输油气站队、维抢修队：车用汽油、车用柴油、发电机用柴油（天然气）、锅炉用原油、自营食堂（生活）用液化气（天然气）。

② 火炬燃烧/工艺放空排放。

输气站队：企业各功能型站场［压气/增压站、分输/计量站、逆止阀（管段）、清管站］数量、每次放空排放的放空量、放空方式（点燃/直排）。

③ 逃逸排放。

企业机关：管辖范围内各类型功能站场的数量、核算年度原油输送量以及对应原油管线的长度。

④ 间接排放。

企业机关：办公用电量、机关员工宿舍用电量、外购热力量。

输油气站队、维抢修队：生产办公用电量（输油泵和压缩机用电单独列出）、员工宿舍用电量（宿舍与站队不在同一地点）、外购热力。

在电力统计中应注意转供电的情况，若向外单位供电且有转供量的凭证，则应将转供电量从总用电量中扣除；若用电由外单位转供且有转供电量凭证，则应将转供电量计入总用电量。

各基层站队在能耗统计时，填报标准不统一，例如对于车用汽油消耗的统计，部分站队采用按照发票进行填报，部分站队采用单位千米油耗进行填报。两种填报方式从长期看均有其合理性，均可作为企业排放数据填报的方式，但公司范围内统一填报标准，将为生产能耗数据和温室气体排放数据的规范管理奠定基础。

（2）统计数据与报销凭证不符。

企业统计的排放数据与财务报销凭证的数据不一致是一种普遍现象，导致这种现象的原因有很多，但核查中一般认为如果差别不大，并且受核查企业能够给出合理解释，核查组即认为上报的排放数据准确。至于差异的范围多大认为是合理的，目前尚无统一的数值和规定，但行业内一般认为3%以内是可接受的。

本章节对油气管道企业排放活动水平数据可能出现上述差异的数据类型以及合理的解释进行了详细说明，供企业今后应对现场核查时参考。

活动水平数据差异主要体现在化石燃料（汽柴油、液化气）以及用电上。化石燃料主要是实际上报过程中采用单位千米油耗与历程的乘积进行上报，导致实际上报数据与发票上的数据不一致。

电力统计方面，输油气站场采取每月最后一天读表的方式进行电力数据采集上报，而当地电力公司每月抄表结算时间不固定，造成两者数据不一致。

建议企业电力数据统计可保持当前上报模式，其他排放数据统一统计口径，提高排放数据统计质量。同时注意排放数据中间记录资料的留存，增加交叉验证数据的来源。

（3）财务材料无法满足核查要求。

排放数据核查实施阶段中现场核查的文件评审阶段，财务凭证是最主要的评审文件，是化石燃料燃烧排放、间接排放文件评审中必需的文件。一般核查实施时，核查组首先查阅化石燃料、电力、热力的财务明细账，根据明细账确定整个年度的消耗量，再选取3~4个月的样本凭证进行抽查。目前各企业的财务明细账仅有金额，没有或仅有部分对应消耗量。针对上述情况，理论上核查组必须将全年度的相关票据全部找出，然后进行数据统计验证，这不仅增加了分公司的工作量，同时大量的翻阅财务票据，也增加了公司财务信息泄密的风险。

建议企业财务部门统筹要求今后财务明细账中相应的明细信息补充完整。

（4）工艺放空统计不完善。

目前各输气管道的放空管理存在两方面的问题，其一是部分量较小的放空被各输气站队自行放掉而未经记录和审批，如流量计更换的放空、季节性的排污放空等；其二是部分量较大的放空实际是通过火炬点燃排放，但放空审批单中并未标注，未留下火炬燃烧排放的证据，甲烷的温室效应远大于二氧化碳，因此将燃烧掉的放空气按照冷放空进行核算，无形中增加了企业的实际排放。

基于油气储运企业工艺放空管理的现状，仅能采用缺省值法核算放空环节导致的温室气体排放，即站场数量乘以每个站场放空的排放因子。缺省值法核算企业温室气体排放简单易操作，但其仅与功能型站场数量有关，不能体现企业在减少放空方面开展的工作。例如，目前很多输气站场安装了高压在线排污装置，该装置能够在实现输气管线在线排污的同时，极大地减少排污放空量，而在核算该输气站场放空排放时，缺省值法的排放因子不会因为该因素而改变。

三、温室气体排放分析及指标管理

1. 温室气体排放数据分析

温室气体排放核算仅是将排放进行量化，企业还需进行深入的数据挖据分析才能获取有价值的信息，用于指导今后的温室气体排放管控工作。数据分析能够明晰企业在历史生产周期内温室气体排放的主要结构，厘清排放主要影响因素，明确未来减排方向及重点，是企业开展温室气体排放管控最主要的工作之一。

数据分析的内容一般包括以下几部分。

（1）企业温室气体排放的变化趋势：企业历史排放变化趋势以及产生该趋势的原因分析；根据未来企业的生产经营状况，分析温室气体排放未来变化趋势。

（2）温室气体排放结构分析：明确企业各排放类型的排放占比，分析得出企业主要排放因素，分析各排放因素的减排潜力，明确主要减排方向。

（3）确定减排潜力点及减排措施：明确减排方向后，针对该排放类型的主要排放源进行重点分析和评估，确定各排放源的减排潜力、减排成本等，最终根据企业减排目标确定减排措施。

2. 温室气体排放指标管理

随着全国碳市场的建设及中国石油低碳工作的持续推进，油气储运企业面临国家和公司的双重管控。若集团公司所属油气储运企业全部被纳入国家管控，则双重管控将会以国家管控为主。

国家管控企业排放的标准目前尚未明确规定，根据国家发改委在各类低碳会议上透露的信息可以推断，排控企业获得的排放配额将逐年减少，届时企业将面临巨大的减排压力，若实际排放超过企业年度配额，只能通过购买碳交易指标完成履约，且碳价也会随着碳市场的运行而逐渐提高。

面对未来超排的风险，企业首先应彻底摸清排放现状，逐步建立排放管控体系，实现对重点排放源的实时监测。在没有被纳入管控前，公司应摸清当前开展的节能减排技措进行储备，一旦被纳入管控，可根据每年的减排指标进行有计划的实施，这样企业能够更加从容地应对排放管控。此外，根据试点地区碳交易市场，配额的价格远高于自愿减排项目的减排量，企业可将自身部分配额与市场上价格相对较低等值的自愿减排量进行交换，这就无形中增加了企业排放配额量。

除上述工作外，企业在实施节能减排前也可对相应年度配额价格进行预估和比较，若实施节能减排的成本大于在市场上购买配额完成履约的成本，则仅需要在市场上购买一定配额即可。

四、温室气体排放管理展望

基于国家及集团公司碳排放管控要求，油气储运企业在未来应做好以下工作：（1）短期。完善企业温室气体排放数据管理、预测及分析，并做好核算数据上报策略、核查应对及培训工作，制定企业应对碳排放管控方案，适时开展碳排放实测。通过持续全面梳理企业温室气体排放数据，不断改进和完善企业排放数据管理，确保今后基础排放数据符合国家及集团公司低碳管理的要求，有效应对国家及集团公司数据上报及核查，挖掘减排技措和潜力，为企业争取碳排放指标、应对国家和集团公司碳排放指标管控奠定基础。（2）中期。实现排放数据精细化管理以及碳排放指标管理，以最低成本应对碳排放指标管控。健全完善温室气体排放数据管理制度，落实和固化数据管理过程中各岗位的职责；通过搭建温室气体排放数据管理及管控平台，实现数据管理的信息化，以及对重点排放源的动态监测，争取碳排放指标；企业被纳入国家碳排放管控后，针对企业碳资产实施管理，建立排放履约与碳交易制度，实现排放配额及履约管理，结合减排措施，以最低成本应对国家及集团公司碳排放指标管控，为高效管理碳资产奠定基础。（3）长期。高效管理碳排放资产，实现企业碳资产效益最大化。完善碳排放配额履约和碳交易制度，建立企业碳资产管理体系及平台，高效开展碳排放配额管理及履约，通过碳交易市场使企业碳资产效益最大化，实现碳资产的保值增值，提升企业经营质量效益。

第二节　油气管道企业开发温室气体自愿减排项目前景

一、油气管道企业开发温室气体自愿减排项目意义及现状

1. 目的及意义

碳交易是将温室气体排放权作为一种商品，在市场上自由交易，是为促进温室气体减排，减少二氧化碳排放所采取的市场机制。截至 2017 年 12 月，全球共建立了 19 个碳交易体系，包括欧盟排放交易体系、英国排放交易体系、美国的芝加哥气候期货交易所和澳大利亚的澳大利亚国家信托等。随着全球减排承诺的履行，碳交易市场的数量和规模都将快速增长，据世界银行预计，到 2020 年全球碳排放交易量将达到 3.5 万亿美元，超过石油市场，成为最大的能源交易市场。

温室气体自愿减排交易作为碳市场的补充机制是碳交易市场的重要组成部分，为控排企业完成履约任务、实现低碳发展提供了更优的减排策略选择。我国企业开发温室气体自愿减排项目分为两个阶段：第一阶段是 2002—2012 年，我国碳交易市场尚未启动建立，企业仅能通过清洁发展机制（CDM）作为减排量供应方，开发 CDM 项目参与发达国家碳交易市场；第二阶段是 2013 年至今，我国碳交易试点和全国碳交易市场运行，企业既可选择开发 CDM 项目参加发达国家碳市场，也可选择开发"中国自愿核证减排量（CCER）"项目参加我国碳市场。

碳交易市场是低碳经济时代下快速发展的新事物，国内电力、石油石化等企业正积极抓住碳交易市场快速发展机遇，纷纷将企业内部已有节能减排技措项目开发成碳交易项目上市，通过碳交易市场实现开源增效。中国石油所属的各管道地区公司自"十一五"以来，持续推广应用了"压缩机余热回收利用""加热炉油改气""泵电动机组变频调速"等一系列节能技措项目，每年节能减碳效果可观，按照碳交易项目开发标准方法学，均具备开发成碳交易项目上市的可行性，潜在开发资源较大，预计全部开发后将获得十分可观的经济收益，或者开发的项目减排量可作为公司未来碳配额不足时抵用，实现节能技措的再升值。在低油价、新常态、需求增速放缓的形势下，集团公司提出了开源节流、降本增效的经营思路，各管道地区公司应积极抓住国

内碳交易市场快速发展的机遇，顺势潮流，主动实施低碳转型，将符合条件且具有开发价值的节能减排技措开发成碳交易项目上市获利或者储备碳资产，积极贯彻落实集团公司开源增效的要求，通过碳交易市场实现创收的同时，促进企业自身低碳发展。

2. 国内外油气管道企业开发清洁发展机制（CDM）项目现状

1）CDM项目市场概况

1997年联合国气候变化框架公约参加国签订了《京都议定书》，该协议中对"清洁发展机制"的说明为：附件一所列国家（发达国家）与非附件一所列国家（发展中国家）之间在清洁发展机制登记处的减排单位进行转让，其核心内容是允许发达国家与发展中国家进行项目级的减排量抵消额的转让与获得。国际管理机构为联合国清洁发展机制执行理事会，国内管理机构为国家发展改革委应对气候变化司（现经国家机构变革调整为生态环境部应对气候变化司）。

截至2017年8月31日，全球共注册CDM项目7782项，碳减排签发量达到 $18.6 \times 10^8 t$，涵盖农业、工业、可再生能源、提高能源使用效率、碳汇项目（造林）等方面。

我国企业自2004年开发CDM项目以来，发展迅猛，已经成为世界上开发CDM项目最大的国家，2017年8月31日，已累计注册CDM项目3763项，约占全球注册总数的一半。碳减排签发量累计约 $10.5 \times 10^8 t$，占全球碳减排签发总量的近60%。

2）油气管道运营企业开发国际碳交易项目现状

全球油气管道企业紧抓全球低碳经济发展机遇，主动在企业内部开展低碳管理，部分企业开发了CDM项目，通过碳交易市场获取经济利益。

截至2017年10月31日，国内外油气管道运营企业申请的CDM项目共计22项（表6-1），项目类型主要包括减少甲烷泄漏、废能回收利用、燃料替换等，其中我国油气管道运营企业占3项，分别是新疆霍尔果斯天然气管道压缩机站余热回收利用发电项目、西部管道新疆输油分公司鄯善原油首站热煤炉燃烧介质油改气项目，以及乌鲁木齐首站、鄯善站原油综合热处理余热回收改造项目。

表6-1　油气管道运营企业国际碳交易项目开发现状

编号	项目名称	采用的方法标准学	国家	状态
1	新疆霍尔果斯天然气管道压缩机站余热回收利用发电项目	ACM12：通过废能回收减排温室气体	中国	已注册

续表

编号	项目名称	采用的方法标准学	国家	状态
2	中国石油西部管道新疆输油分公司鄯善原油首站热煤炉燃烧介质油改气项目	AMS-Ⅲ.B：化石燃料转换	中国	审核中
3	乌鲁木齐首站、鄯善站原油综合热处理余热回收改造项目	AMS-Ⅱ.D：工业设施的能效和燃料转换措施	中国	仅通过国内发改委审核
4	亚美尼亚共和国的天然气分销网络减少甲烷排放	AM23：减少天然气管道压缩机或门站泄漏	亚美尼亚	已注册
5	格鲁吉亚 K-T 配气系统中减少地上配气设备泄漏	AM23：减少天然气管道压缩机或门站泄漏	格鲁吉亚	已注册
6	格鲁吉亚"国家天然气"地上配气系统减少泄漏	AM23：减少天然气管道压缩机或门站泄漏	格鲁吉亚	已注册
7	摩尔多瓦减少国家天然气分销管网中的气体泄漏	AM23：减少天然气管道压缩机或门站泄漏	摩尔多瓦	已注册
8	摩尔多瓦 T-P 公司减少输气管网气体泄漏	AM23：减少天然气管道压缩机或门站泄漏	摩尔多瓦	已注册
9	塞尔维亚天然气公司减少天然气输送管网的泄漏	AM23：减少天然气管道压缩机或门站泄漏	塞尔维亚	已注册
10	减少 UzTG 天然气管网地上装置泄漏项目	AM23：减少天然气管道压缩机或门站泄漏	乌兹别克斯坦	已注册
11	减少压缩机站的气体泄漏	AM23：减少天然气管道压缩机或门站泄漏	乌兹别克斯坦	已注册
12	减少 ZhGT 天然气管网地上装置泄漏项目	AM23：减少天然气管道压缩机或门站泄漏	乌兹别克斯坦	已注册
13	减少费尔干纳盆地中低压输气管线泄漏	AM23：减少天然气管道压缩机或门站泄漏	乌兹别克斯坦	已注册
14	减少 GGT 天然气管网地上装置泄漏项目	AM23：减少天然气管道压缩机或门站泄漏	乌兹别克斯坦	已注册
15	减少 Karakalpakstan 和 Khorezm 地区输气管线泄漏	AM23：减少天然气管道压缩机或门站泄漏	乌兹别克斯坦	已注册
16	减少 Tashkent 地区中低压管线泄漏项目	AM23：减少天然气管道压缩机或门站泄漏	乌兹别克斯坦	已注册

编号	项目名称	采用的方法标准学	国家	状态
17	孟加拉国减少 Titas 天然气管网的天然气泄漏	AM23：减少天然气管道压缩机或门站泄漏	孟加拉国	已注册
18	乌兹别克斯坦在 Sirdarya TPP 和 Tali-marjan TPP 上安装发电机	ACM12：通过废能回收减排温室气体	乌兹别克斯坦	审核中
19	里约热内卢 CEG 天然气输配气系统中用聚乙烯管替换铸铁管	AM43：通过采用聚乙烯管替代旧铸铁管或无阴极保护钢管减少天然气管网泄漏	巴西	审核结束
20	泰国 Saiyok 天然气管道压缩机余热回收发电项目	AMS-Ⅲ.Q.：废能回收利用（废气/废热/废压）项目	泰国	审核结束
21	在管道修复中回收甲烷	AM23：减少天然气管道压缩机或门站泄漏	智利	注册失败
22	天然气压缩机干封代替湿封项目	AM23：减少天然气管道压缩机或门站泄漏	墨西哥	注册失败

3. 我国油气管道企业开发中国自愿减排项目（CCER）现状

1）CCER 项目市场概况

我国碳交易市场建设起步较晚，2013 年底启动了碳交易市场试点运行，处于起步发展阶段，但发展迅速，截至 2017 年 12 月，试点碳交易市场累计成交 104.94 亿元，随着全国碳交易市场的发展，未来市场规模将达万亿元，市场潜力巨大，前景广阔，目前处于爆发式快速增长的前期阶段，中国碳交易市场将成为全球第一大碳排放市场。2012 年国家发改委发布施行《温室气体自愿减排交易管理暂行办法》中规定经发改委备案并在国家注册登记系统中登记的减排项目及其减排量，可在碳交易市场交易。目前，按照国家机构变革调整，国内管理机构由国家发改委气候司调整为生态环境部气候司。截至 2017 年 10 月 31 日，我国已经发布 12 批共 204 个碳交易项目开发方法学，审定公示碳交易项目 2738 项，且分布的行业和领域非常广泛，包括水电、风能发电、节能降耗、工业废气减排、煤层气回收利用、太阳能、生物燃料、生物柴油、地热、燃料的逸散减排等项目。

国内油气企业已经在利用发布的标准方法学积极开发国内碳交易项目，如中海油的"LNG 冷能空分"项目、中国石化的"余热回收利用项目"等，以中国海油 2015 年开发的"福建 LNG 冷能空分项目"为例，该项目预计每年碳交易收益 130 余万元。目前，大部分油气储运企业尚未纳入全国碳排放权管控体系，可积极把握碳交易市场发展机遇，将公司已经实施或即将实施的节能减排技措项目开发成核证自愿减排量上市获利或者进行储备以在碳配额不足时抵用，实现节能减排技措的再升值。

2）油气管道运营企业开发国内碳交易项目现状及潜力分析

油气管道企业作为工业排放企业，能耗设备较多，碳交易项目开发潜力较大，但尚未公布有油气管道运营企业开发的项目。根据国家已发布的204个碳交易项目开发标准方法学，经比对分析，适合油气管道运营企业的标准方法学共有14项（表6-2），主要包括燃料替代、能效提高、废能回收利用等类型。

表6-2　适合油气管道行业的中国碳交易项目标准方法学

序号	国内碳交易项目方法学号	中文名
1	CM-005-V01	通过废能回收减排温室气体
2	CM-017-V01	向天然气输配网中注入生物甲烷
3	CMS-008-V01	针对工业设施的提高能效和燃料转换措施
4	CMS-013-V01	在建筑内安装节能照明和/或控制装置
5	CMS-012-V01	户外和街道的高效照明
6	CMS-025-V01	废能回收利用（废气/废热/废压）项目
7	CM-041-V01	减少天然气管道压缩机或门站泄漏
8	CM-042-V01	通过采用聚乙烯管替代旧铸铁管或无阴极保护钢管减少天然气管网泄漏
9	CMS-038-V01	来自工业设备的废弃能量的有效利用
10	CM-079-V01	通过对化石燃料蒸汽锅炉的替换或改造提高能效，包括可能的燃料替代
11	CM-087-V01	从煤或石油到天然气的燃料替代
12	CMS-027-V01	太阳能热水系统（SWH）
13	CMS-072-V01	化石燃料转换
14	CMS-079-V01	配电网中使用无功补偿装置温室气体减排方法学

二、油气管道企业开发温室气体自愿减排项目前景

1.油气管道企业开发温室气体自愿减排项目识别

随着"十三五"全国碳交易市场的运行，油气管道企业应积极把握纳入

全国碳配额管控之前开发温室气体自愿减排项目上市获利的机遇，基于国际和国内温室气体自愿减排交易项目方法学、开发流程及碳交易市场，结合油气管道企业实际应用的节能减排技术和措施，识别并开发油气管道企业碳减排交易项目，通过碳交易市场实现开源增效，实现节能减排技措的再升值。经初步对比识别，国内油气管道企业有 14 类节能减排项技措项目具备开发成温室气体自愿减排项目的可行性（表 6-3），主要包括节能与提高能效、燃料替代、余热余压回收利用等类型，市场开发前景潜力巨大。

表 6-3 油气管道运营企业潜在的碳交易项目识别清单

序号	项目名称	适用 CDM 方法学号	适用国内方法学号	方法学名称
1	加热炉"油改气"	AMS-Ⅲ.B	CMS-072-V01	化石燃料转换
2	低效率加热炉余热回收	AMS-Ⅱ.D	CMS-008-V01	针对工业设施的提高能效和燃料转换措施
3	加热炉高效燃烧器			
4	泵电动机组变频调速			
5	超声波防除垢			
6	烧油锅炉供暖改商用电热水器或液流发生器			
7	燃驱离心压缩机节能改造技术			
8	加热炉喷涂节能涂料			
9	增加动态无功补偿装置	—	CMS-079-V01	配电网中使用无功补偿装置温室气体减排方法学
10	站场及办公场所应用LED灯	AMS-Ⅱ.N	CMS-013-V01	在建筑内安装节能照明和/或控制装置
10		AMS-Ⅱ.L.	CMS-012-V01	户外和街道的高效照明
11	输气管道压气站余热发电技术	ACM12	CM-005-V01	通过废能回收减排温室气体
11		AMS-Ⅲ.Q.	CMS-025-V01	废能回收利用（废气/废热/废压）项目
12	天然气管道余压利用	AMS-Ⅲ.Q.	CMS-025-V01	废能回收利用（废气/废热/废压）项目

续表

序号	项目名称	适用 CDM 方法学号	适用国内方法学号	方法学名称
13	对天然气站场进行针对性检修	AM23	CM-041-V01	减少天然气管道压缩机或门站泄漏
14	站场安装太阳能热水系统	AMS-Ⅰ.J	CMS-027-V01	太阳能热水系统（SWH）

2. 油气管道企业温室气体自愿减排项目开发

1）开发条件

根据联合国清洁发展机制执行理事会、国家温室气体自愿减排项目开发管理办法以及开发经济性分析，油气管道企业实施的节能减排技措项目需满足以下基本条件：（1）具备对应的开发方法学。（2）开工时间。开发 CDM 项目要求是 2000 年 1 月 1 日之后启动运营的项目，开发 CCER 项目要求是 2005 年 2 月 16 日之后开工建设的项目。（3）项目信息、备案或说明等开发所需基础资料。（4）项目满足开发的经济性价值。

2）碳交易项目开发要点

清洁发展机制项目（CDM）开发流程：（1）项目识别评估。评估并筛选出尚未投产、开发成功率和投资回报较高的项目进行开发。（2）项目设计。调研采集项目基础数据资料，编制项目设计文件。（3）国内申报。编制碳交易项目审定所需资料并提交给发改委，发改委审查并出具批准文件。（4）审核认证。联合国执行理事会指定有资质的第三方机构进行材料审核，根据审核意见修改项目设计文件。（5）国际注册。联合国执行理事会审核项目的合格性，出具审核文件。（6）项目监测。根据项目设计文件中的监测计划，编制项目监测报告。（7）项目核证。联合国执行理事会指定有资质的第三方机构进行监测报告核证，根据核证意见修改完善监测工作。（8）签发上市交易。联合国执行理事会审查减排核证报告，签发与核证量相等的减排量。

中国温室气体自愿减排项目（CCER）开发要点：（1）项目评估与筛选。梳理公司已实施的节能技措项目，评估并筛选出开发成功率和投资回报较高的项目进行开发。（2）项目设计。调研采集项目可研等基础数据资料，编制项目设计文件。（3）项目审定。编制碳交易项目审定所需资料并提交，发改委指定第三方审核机构进行文件评审、公示、现场审查、再评审等环节。（4）项目注册。发改委委托专家进行材料评估、上会审查后，项目进入"国家登记簿"备案注册。（5）项目监测。根据项目设计文件中的监测计划，编制项目监测报告。

（6）项目核查与核证。发改委指定第三方进行监测报告公示、评审、现场核查、核证报告等环节。（7）签发上市交易。发改委委托专家进行评估、审查、减排量备案后，可在碳排放交易所进行上市销售。

第三节　管道企业开发 CDM 和温室气体自愿减排项目案例

一、案例简述

截至 2017 年 10 月 31 日，我国油气管道企业共开发了 3 项国际碳交易项目（CDM），均为中国石油西部管道公司开发，尚未开发中国碳交易项目（CCER），简述如下。

1.新疆霍尔果斯天然气管道压缩机站余热回收利用发电项目

该项目是国内油气管道企业第一个成功开发的 CDM 项目，由西部管道分公司与新疆西拓能源股份有限公司（以下简称西拓能源）采取合同能源合作模式开发，由西部管道分公司提供压缩机余热，西拓能源提供建设期资金，产生的节能减排指标归属于西部管道分公司。该项目于 2012 年 12 月 24 日成功注册国际碳交易项目（CDM），每年可减排 303869t CO_2 当量，与巴克莱银行签订了碳资产交易合同，按照当时签订的成交单价 9.47 美元（约合 59 元人民币）计算，每年可实现收益 1792.8 万元。按照合同能源协议规定，西拓能源除按照售电收入的 3.0%~4.5% 或向西部管道分公司供电价格按平均价格优惠 20% 供电作为余热补偿外，对于西拓能源向国家申请有关财政补贴、开展国内外碳减排交易所获得的效益，将向西部管道分公司分成 20%，西部管道分公司因此每年可由该项目获碳减排收益 358.56 万元，按照"一期"签订10 年计算，共可获益 3585.6 万元。虽然后期由于受全球经济复苏缓慢及国际气候政策谈判影响，国际碳价持续低迷，巴克莱银行对签订的碳减排指标交易合同采取了违约处理，但该项目开创了国内油气管道企业开发 CDM 项目的先河，为以后油气管道企业开发 CDM 项目奠定了成功基础。

2.西部管道新疆输油分公司鄯善原油首站热煤炉燃烧介质油改气项目

该项目于 2012 年 9 月 13 日通过国家发展和改革委员会审批，每年可实现减排量 10366t CO_2 当量。但由于生产工艺及节能降耗需求，鄯善原油首站停止燃烧加热。

3.乌鲁木齐首站、鄯善站原油综合热处理余热回收改造项目

该项目于 2012 年 9 月 13 日通过国家发展和改革委员会审批，每年可实现减排 16621t CO_2 当量。但由于生产工艺及节能降耗需求，鄯善站原油停止加热，且该项目投资收益较高，未通过联合国执行理事会审批。

二、油气管道企业碳交易项目开发建议

目前，受世界经济低迷影响，欧盟等发达地区碳市场的碳价持续低迷，严重影响 CDM 项目业主开发的积极性，而随着全国碳交易市场的运行和扩大，国内 CCER 市场潜力巨大，碳市场初期碳价较高，建议中国油气管道企业在尚未纳入全国碳排放管控体系之前，积极把握低碳经济发展机遇，梳理识别公司符合开发碳交易项目的节能减排技措项目，建立信息库，优先分批开发中国碳交易项目（CCER）上市获利，实现节能减排技措再升值，通过碳交易市场实现开源增效，尽早参与并熟悉国内碳交易市场。同时，积极关注国际碳价，适时开发 CDM 项目，参与国际碳交易市场。

按照中国温室气体自愿减排项目备案要求，拟备案的项目应在当地政府备案或登记，对于国内油气管道企业合同能源管理类项目大都进行了备案，而对于独资类项目，一般并未在前期向当地政府备案，因此建议各管道地区公司以后对于节能减排量较大的独资类项目，应主动向地方政府备案或登记，为后续开发碳交易项目奠定基础。

除按照国家发改委已发布的方法学开发 CCER 项目外，国家还鼓励企业结合自身行业特点，针对行业特有的节能减排项目，开发新的温室气体自愿减排方法学，近年来已有多个企业开发成功，如"CM-102-V01 特高压输电系统温室气体减排方法学""CM-097-V01 新建或改造电力线路中使用节能导线或电缆"等行业特有的方法学。油气管道运营企业也可根据自身的生产经营特点开发申报新的适合油气管道行业的温室气体自愿减排方法学，如天然气管道高压在线排污、原油管输减阻剂等，深入挖掘开源增效潜力。

参 考 文 献

[1] 李博，杨持，林鹏.生态学［M］.北京：高等教育出版社，2000.

[2] 陈利顶，郭书海，姜昌亮.西气东输工程沿线生态系统评价与生态安全
［M］.北京：科学出版社，2006.

[3] 张庆军，赵罡，王雷，等.油气长输管道工程生态保护工作要点［J］.油
气田环境保护，2016，26（4）：4-8.

[4] 范军，蒲继文，周丹，等.天然气长输管道建设对生态环境的影响及防
范措施［J］.油气田环境保护，2010，20（3）：9-12.

[5] 蒋洪强，周佳，张静.基于污染物排放许可的总量控制制度改革研究
［J］.中国环境管理，2017，9（4）：9-12.

[6] 王磊，秦宏伟，陈璐，等.环境监测技术及其体系的现状及发展趋势
［J］.化学分析计量，2015，24（4）：103-106.

[7] 吴苏江.HSE 风险管理理论与实践［M］.北京：石油工业出版社，2009.

[8] 中国石油天然气集团公司 HSE 指导委员会.健康、安全与环境管理体系
风险评价［M］.北京：石油工业出版社，2001.

[9] 中国石油天然气集团公司质量安全环保部.安全监督［M］.北京：石油
工业出版社，2003.

[10] 成素凡，黄鑫.油气长输管道风险目录应用手册［M］.北京：石油工业
出版社，2017.

[11] 刘晓明.外浮顶式原油储罐事故原因分析及预防措施［J］.中国化工贸
易，2014（23）：48.

[12] 张群，王延成.储油罐腐蚀原因分析及防控措施［J］.化工管理，2016
（11）：10.

[13] 刘仁杰，郑倩文.道化学火灾、爆炸危险指数分析法在油库安全监管中
的应用［J］.吉林劳动保护，2013（10）：39-40.

[14] 陈兴凯.油罐区火灾与爆炸事故树分析［J］.油气田地面工程，2013，
32（8）：29.

[15] 中华人民共和国海事局.溢油应急培训教程［M］.北京：人民交通出版
社，2004.

[16] 曹德胜.船舶污染防治的新技术、新手段［J］.交通运输部管理干部学
院学报，2011，2101：3-6.

[17] 戴联双，白楠，薛鸿丰，等.油品泄漏应急处理的受控燃烧［J］.油气
储运，2013，32（11）：1191-1193，1205.

[18] 金劲松，杨毅.水域泄漏油品回收处理技术［J］.化工环保，2011，31

（2）：140-143.

［19］ 李国玉，马巍，穆彦虎，等.多年冻土区石油污染物迁移过程试验研究［J］.岩土力学，2011，32（S1）：83-89.

［20］ HUANG C H，CHEN Z，Tontiwachw P，et al. Environmental risk assessment for underground storage tanks through an interval parameter fuzzy relation analysis approach［J］. Energy Source，1999，21（1-2）：75-96.

［21］ 侯军，赵云峰，税碧垣，等.地下水石油污染修复技术述评［J］.石油工业技术监督，2015，31（4）：28-33.

［22］ 弓永峰.地下水石油污染模拟及防治措施研究［D］.西安：长安大学，2010.

［23］ 任磊，黄廷林.石油污染土壤的生物修复技术［J］.安全与环境学报，2001，1（2）：50-54.

［24］ 陈秀成，曹瑞钰.地下水污染治理技术的进展［J］.中国给水排水，2001，17（4）：23-26.

［25］ BEDIENT P B，RIFAI H S，NEWELL C J. Ground Water Contamination：Transport and Remediation［M］. 2nd ed. New Jersey：Prentice Hall，1999.

［26］ 刘姝媛，王红旗.地下水污染修复技术研究进展［C］//2013 中国环境科学学会学术年会论文集（第五卷）.北京：中国环境科学学会，2013.

［27］ 张艳.污染场地抽出—处理技术影响因素及优化方案研究［D］.北京：中国地质大学（北京），2010.

［28］ 杨梅，费宇红.地下水污染修复技术的研究综述［J］.勘察科学技术，2008（4）：12-16.

［29］ 马玉新，史风梅，袁家淼.水—土环境有机污染表面活性剂增效修复技术［J］.青岛大学学报（工程技术版），2005，20（4）：87-94.

［30］ 黄录峰.土壤有机污染的表面活性剂修复技术［J］.绿色科技，2013（5）：163-167.

［31］ 李永涛，吴启堂.土壤污染治理方法研究［J］.农业环境保护，1997，16（3）：118-122.

［32］ 钱暑强，刘铮.污染土壤修复技术介绍［J］.化工进展，2000，19（4）：10-12.

［33］ HO S V，SHERIDAN P W，ATHMER C J，et al. Intergarted in situ soil remediation technology：the Lasagna proceed［J］. Environment Science Technology，1995，29：2528-2534.

［34］ 孙威.地下水中苯类有机污染的原位反应带修复技术研究［D］.长春：吉林大学，2012.

[35]　隋红，李洪，李鑫钢，等.有机污染土壤和地下水修复［M］.北京：科学出版社，2013.

[36]　张文静，董维红，苏小四，等.地下水污染修复技术综合评价［J］.水资源保护，2006，22（5）：1-4.

[37]　GANDHI R K, HOPKINS G D, GOLTZ M N, et al. Full-scale demonstration of in situ cometabolic biodegradation of trichloroethylene in groundwater 1. Dynamics of a recirculating well system［J］. Water Resources Research, 2002, 38（4）: 10-15.

[38]　CIRPKA O A, KITANIDIS P K, Travel-time based model of bioremediation using circulation wells［J］. Ground Water, 2001, 39（3）: 422-432.

[39]　白静，孙超，赵勇胜.地下水循环井技术对含水层典型 NAPL 污染物的修复模拟［J］.环境科学研究，2014，27（1）：78-85.

[40]　白静.表面活性剂强化地下水循环井技术修复 NAPL 污染含水层研究［D］.长春：吉林大学，2013.

[41]　杨乐巍.土壤气相抽提（SVE）现场试验研究［D］.天津：天津大学，2006.

[42]　殷甫祥.气相抽提法（SVE）去除污染土壤中挥发性有机物（VOCs）的技术研究［D］.扬州：扬州大学，2010.

[43]　王磊，龙涛，张峰，等.用于土壤及地下水修复的多相抽提技术研究进展［J］.生态与农村环境学报，2014，30（2）：137-145.

[44]　谢丽娅，朱亮，段祥宝.土壤及地下水有机污染原位电化学动力修复技术进展［J］.水资源保护，2009，25（4）：23-27.

[45]　PROBSTEIN R F, HICKS R E. Removal of contaminants from soils by electric fields［J］. Science, 1993, 260（23）: 498-503.

[46]　桂时乔，马烈，张芝兰，等.石油烃类污染地下水的汽提和原位化学氧化修复［J］.环境科技，2013，26（3）：48-50.

[47]　XU S, SHENG G, BOYD S A. Use of organoclays in pollution abatement［J］. Advances in Agronomy, 1997, 59: 25-62.

[48]　戴荣玲，章钢娅，古小治，等.有机黏土矿物修复有机污染研究进展［J］.土壤，2007（5）：718-725.

[49]　刘玲，徐文彬，甘树福.PRB 技术在地下水污染修复中的研究进展［J］.水资源保护，2006，22（6）：76-80.

[50]　王宇平.从康菲溢油事故看我国《海洋环境保护法》的完善［D］.青岛：中国海洋大学，2013.

[51]　中石油管道有限责任公司.国外油气管道事故案例汇编［M］.北京：石

油工业出版社，2017.

［52］ 温艳萍，吴传雯. 大连新港"7·16"溢油事故直接经济损失评估 ［J］. 中国渔业经济，2013，31（4）：91-96.

［53］ 刘鑫. 从《联合国气候变化框架公约》看国际气候制度的理性设计 ［D］. 北京：北京外国语大学，2015.

［54］ 高清霞，赵天驰. 我国碳交易市场建设及发展路径探析 ［J］. 环境与可 持续发展，2016，41（4）：71-73.

［55］ 易兰，鲁瑶，李朝鹏. 中国试点碳市场监管机制研究与国际经验借鉴 ［J］. 中国人口·资源与环境，2016，26（12）：77-86.

［56］ 田望，杨磊，杨瑞，等. 油气储运企业低碳发展研究进展 ［J］. 油气储 运，2016，35（5）：465-470.

［57］ 田望，张玉志，钱成文. 中国石油管道企业碳管理框架初探 ［J］. 油气 储运，2014，33（2）：135-138.

［58］ 刘琛. 中国碳交易市场发展现状与机遇 ［J］. 国际石油经济，2016，24 （4）：6-11.

［59］ 郑勇. 对我国面临碳金融及其定价权缺失的思考——我国应尽早建立碳排 放权期货交易市场 ［J］. 科技进步与对策，2010，27（22）：146-148.

［60］ 张昕. CCER 交易在全国碳市场中的作用和挑战 ［J］. 中国经济导刊， 2015（10）：57-59.